设计之道

（第2版）

工业产品设计与手绘表达

李远生 编著

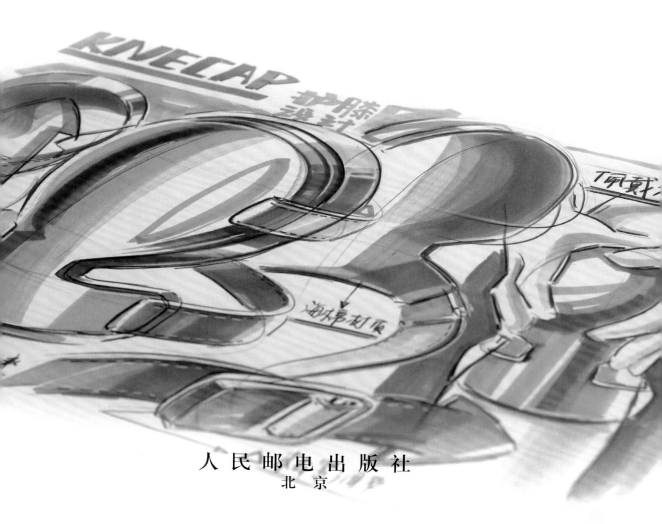

人民邮电出版社

北 京

图书在版编目（CIP）数据

设计之道：工业产品设计与手绘表达 / 李远生编著
. -- 2版. -- 北京：人民邮电出版社，2019.9
ISBN 978-7-115-51473-8

Ⅰ．①设… Ⅱ．①李… Ⅲ．①工业产品－产品设计－
绘画技法 Ⅳ．①TB472

中国版本图书馆CIP数据核字(2019)第113689号

内 容 提 要

本书从手绘的源头说起，带领读者一起感受手绘的无限创意和魅力。本书内容共分为7章，第1章详细介绍做工业设计师的基本条件、设计的基本流程，以及计算机设计与手绘的关系；第2章着重介绍手绘时需要掌握的基础知识，如线的运用、透视基础、构图、产品配色和细节刻画等；第3章主要讲解形态的设想与演变，如何利用基本的形体元素去推敲造型，包括如何吸取自然界的形态和仿生设计等；第4章讲解产品手绘步骤，搭配超详细的案例示范；第5章是设计案例分享，以故事形式分享 "手绘—效果图—实物" 的完整设计流程；第6章是优秀作品赏析，介绍了设计师及学生的优秀设计作品；最后，第7章分享了作者在教学期间收集到的优秀学员作品，展示学员在吸收了教师传授的设计方法和表现技法的基础上，结合他们富有想象力的创意，所完成的独特作品。

本书系统介绍了手绘设计的作图方法和使用技巧，内容由浅入深，见解独到，且案例内容详细，步骤具体，适合作为工业产品设计手绘教学教材。随书还附赠了十大案例手绘效果图绘制过程的在线教学视频。对于手绘初学者，或是主修艺术设计与工业设计专业的高校学生来说，本书都是不错的选择。

◆ 编　　著　李远生
　　责任编辑　张丹阳
　　责任印制　马振武

◆ 人民邮电出版社出版发行　　北京市丰台区成寿寺路 11 号
　　邮编　100164　　电子邮件　315@ptpress.com.cn
　　网址　http://www.ptpress.com.cn
　　北京盛通印刷股份有限公司印刷

◆ 开本：787×1092　1/16
　　印张：11
　　字数：369 千字　　　　　　　　　2019 年 9 月第 2 版
　　印数：6 001 – 9 000 册　　　　　 2019 年 9 月北京第 1 次印刷

定价：69.00 元

读者服务热线：(010)81055410　印装质量热线：(010)81055316
反盗版热线：(010)81055315
广告经营许可证：京东工商广登字 20170147

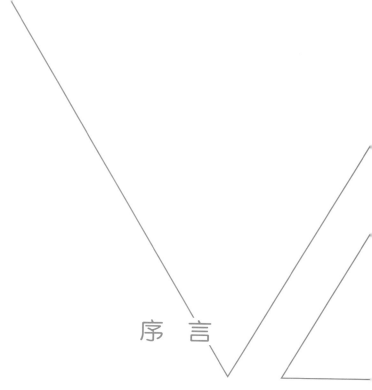

序　言

　　在科学技术飞速发展的今天，手绘效果图为设计师与客户的交流提供了快速而便捷的通道。尤其是对设计人员而言，产品设计快速表现在设计过程中能推动设计方案不断地转化与深入，全面记录整个设计思维的发展过程，同时也能记录下设计师瞬间的灵感火花。快速记录表现，收集各式各样的素材资料，可以使设计师的设计水平不断提升，并走向成熟。另外，手绘表现还能对产品设计方案的诠释和发展起到重要作用。当今社会，手绘效果图已成为人们普遍认可的表现手法，它不单单是传统的绘画，更是艺术修养和设计思想的结晶，是当代设计师表达自己思考方式、体现自己内心世界的途径。设计手绘作为设计灵魂的载体，已成为直接的"设计视觉语言"。

　　本书结合了作者多年的教学实践经验，在编写过程中紧扣专业方向，加上准确的定位和突出重点的教学，使由浅入深的训练方法变得更加科学有效。本书从七个方面阐述工业设计效果图快速表现方法，重点包括以下几个方面：其一，从最基础的工具材料、握笔姿态、线条训练、构图与透视原理、造型与质感对比等要点进行分析讲解，梳理手绘效果图线稿绘制步骤与技法；其二，主要讲解产品手绘技法表现，从笔法、配色方式及步骤图的演示，阐述工业设计效果图快速表现的要点，并通过大量优秀设计作品给读者直观的感受，图文并茂、语言简练、取材全面、通俗易懂；其三，根据产品设计形态的设想与演变，讲解如何利用基本的形体元素去推敲造型，包括如何吸取自然界的形态和仿生设计等方面来进行整合与调整。

　　也许在不久的将来，手绘效果图的快速表现将被更多的人接受、运用，并掀起一股"以画代言，以图表意"的浪潮，这正是作者写本书的目的，希望各界同仁给予批评与指正。

广东海洋大学 副教授 宋拥军

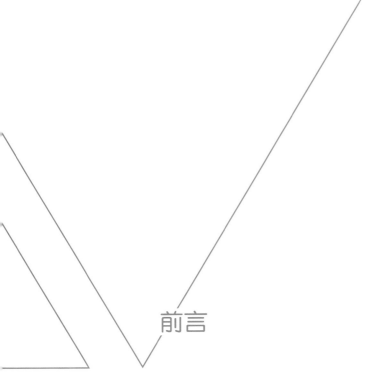

前言

在产品设计过程中，设计师不仅需要掌握使用计算机的能力，还需要有无限的创意，更需要在有限的时间内完成对产品的升华。因此，学习产品设计手绘逐渐成为产品设计师的必修课。在与时间的角逐中充分发挥设计力量和创意想象，描绘出别致的产品形态，这便是产品设计师的最终目标。

如今，计算机越来越多地应用于设计领域，很多设计初学者忽视了手绘的意义及重要性。他们要么认为"手绘无用"，设计所需的所有技能都依赖于计算机，要么让手绘和计算机成为对立面，讨论到底谁比较重要。然而，在这个科技发达的时代，我们不能单一地选择计算机或是手绘，而必须熟练掌握手绘技法和计算机操作，并根据各自的特点有机地融入设计中。因此，我们必须重视手绘，锻炼手绘的基本技能。

2014年出版的《工业产品设计手绘实例教程》是比较基础的手绘教程书，以效果图案例手绘步骤讲解为主，适合初学者学习，让读者更容易了解整个绘制过程并学习绘制方法。而本书更多的是设计过程，从构思的草图到最终效果图的演变过程，比较适合做造型设计方案的读者阅读，让读者学习如何用基本的元素去寻找巧妙的创意造型。同时，本书在第4章安排了效果图绘制范例，并配以详细的步骤讲解，这也是根据学生和设计师们的强烈要求而安排的内容。

在撰写本书的过程中，要特别感谢我的学生们，他们给了我许多的灵感和启发。教学时，学生们会遇到各种各样的问题，他们对老师的要求也不尽相同。在指导他们解决问题的过程中，我自己的能力也得到了提升和完善。为了适应学生的发展要求，我也会不断地充实自己，让自己能够满足学生的学习需求，给他们更加科学、高效的指导。值得高兴的是，经过辅导后，大部分考研的同学都考上了自己理想的学校，留学的同学也收到了满意的offer。本书第6章和第7章会展示部分学生的优秀设计作品。

本书第5章是设计案例分享，非常感谢苗颜炜、李晓性、刘冰、余旭迪提供的优秀设计案例，使整本书增色不少。

最后，还要感谢彭幸宇，感谢她在文案设计上给予的专业建议和精彩内容补充，使我在最乏力的时刻能够得到最温暖的陪伴和精神支持。

希望这本书能帮助到更多有梦想的读者。

作 者

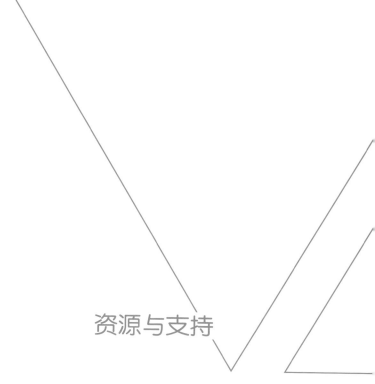

资源与支持

本书由数艺社出品，"数艺社"社区平台（www.shuyishe.com）为您提供后续服务。

配套资源

随书提供在线教学视频，十大案例手绘绘制过程演示视频。

资源获取请扫码

"数艺社"社区平台，为艺术设计从业者提供专业的教育产品。

与我们联系

我们的联系邮箱是 szys@ptpress.com.cn。如果您对本书有任何疑问或建议，请您发邮件给我们，并请在邮件标题中注明本书书名及ISBN，以便我们更高效地做出反馈。

如果您有兴趣出版图书、录制教学课程，或者参与技术审校等工作，可以发邮件给我们；有意出版图书的作者也可以到"数艺社"社区平台在线投稿（直接访问 www.shuyishe.com 即可）。如果学校、培训机构或企业想批量购买本书或数艺社出版的其他图书，也可以发邮件给我们。

如果您在网上发现针对数艺社出品图书的各种形式的盗版行为，包括对图书全部或部分内容的非授权传播，请您将怀疑有侵权行为的链接通过邮件发给我们。您的这一举动是对作者权益的保护，也是我们持续为您提供有价值的内容的动力之源。

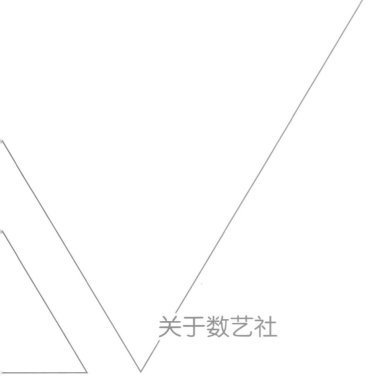

关于数艺社

人民邮电出版社有限公司旗下品牌"数艺社",专注于专业艺术设计类图书出版,为艺术设计从业者提供专业的图书、U书、课程等教育产品。出版领域涉及平面、三维、影视、摄影与后期等数字艺术门类,字体设计、品牌设计、色彩设计等设计理论与应用门类,UI设计、电商设计、新媒体设计、游戏设计、交互设计、原型设计等互联网设计门类,环艺设计手绘、插画设计手绘、工业设计手绘等设计手绘门类。更多服务请访问"数艺社"社区平台www.shuyishe.com。我们将提供及时、准确、专业的学习服务。

数艺社

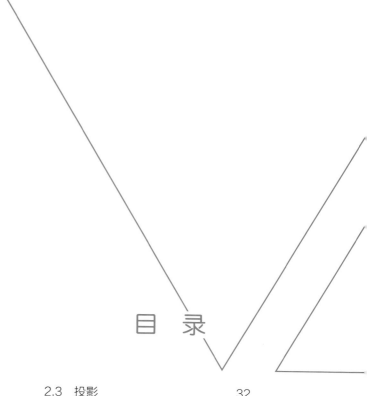

目　录

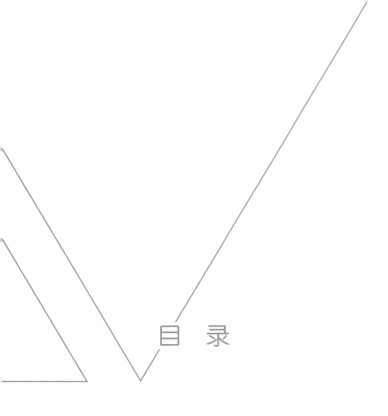

目 录

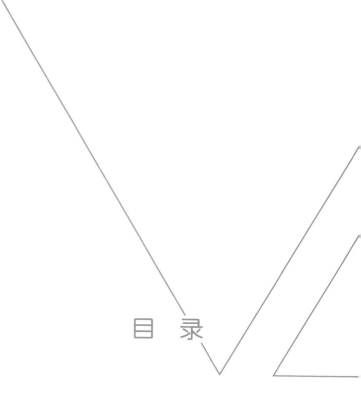

目　录

第1章
工业产品设计

本章将会介绍做工业设计师的基本条件、设计的基本流程、计算机与手绘的关系。大多数初学者拒绝速写训练和手绘训练，并且振振有词地以引入计算机作为论据。一切都等待计算机解决，一切都用电脑作借口。这种情况一般出现在学校。等到了毕业或者进入设计公司工作了才发现手绘才是真正的创意表达，而计算机则是制作工具。

很多设计者认为手绘麻烦，效果不真实。但当与客户交流方案时，用手绘表达只需十几分钟，计算机却可能需要几个小时，而方案交流时不可能让客户等你几个小时。

【效果图赏析】

骑行头盔效果图

这幅手绘效果图是课堂上的范例，主要用来讲解马克笔效果图的绘制技巧。首先用铅笔起个线稿，线条不需要太重，可以边上色边加重，这样可以将线稿和马克笔更好地融合在一起。马克笔运笔一定要干脆爽快，同时要注意虚实处理，特别是边缘需要进行虚化处理。

1.1 关于工业设计

美国工业设计协会（IDSA，Industrial Designers Society of America）认为：工业设计是一项专门的服务性工作，为使用者和生产者双方的利益而对产品和产品系列的外形、功能和使用价值进行优选。国际工业设计协会理事会（ICSID，International Council of Societies of Industrial Design）在1980年的巴黎年会上，给工业设计作了如下定义：就批量生产的工业产品而言，凭借训练、技术知识、经验及视觉感受，而赋予产品材料、结构、构造、形态、色彩、表面加工及装饰全新的品质和规格。工业设计是一个与时俱进的学科，其主要目的是满足现代人生理与心理双方面的需求。

著名科学家杨振宁曾说过："21世纪将是工业设计的世纪，一个不重视工业设计的国家将是落伍者。"在21世纪的中国，工业设计这个行业，开始了它高调的崛起。近年来，国家出台了一系列促进和扶持设计产业化进程的政策，也给予了相应的资助，大大推动了工业设计行业的发展。

1.2 设计师需要掌握的基本技能

我们收集了近10家设计公司的招聘要求，筛选并总结出下面的招聘表格，从中可以看出现在工业产品设计师需要具备的基本能力和需要掌握的技能。

从右边的招聘要求可以看出，设计公司对设计师的基本要求可分为两类，工作能力和专业技能。工作能力就是所谓的理解能力、沟通能力、组织能力和团队合作能力等；专业技能就是对手绘和计算机软件掌握的能力。由此可见，手绘技能对于一个专业设计师的重要性，设计师不但要掌握各种二维、三维软件，还需要是个绘画、制图的高手。

工业产品设计师招聘要求

我们诚邀任何热爱工业产品设计、热爱设计研究、热爱沟通、热爱团队合作的工业产品设计师的加入。

岗位职责

1. 解读客户需求，并根据要求进行产品工业设计及提案。
2. 参与设计研究工作，配合项目组长安排的工作或任务。
3. 独立完成组长分配的设计任务或阶段性工作。
4. 参与团队设计培训。

任职资格

1. 具备较强的项目理解能力和客户沟通能力。
2. 具备良好的职业道德素质，吃苦耐劳，工作细心，责任感强。
3. 手绘功底优秀，有扎实的造型设计基础。
4. 精通二维、三维软件，专业能力强。
5. 具备良好的沟通能力和协作精神，以及较强的独立提案能力。

1.3 工业产品设计的基本流程

新西兰工业设计协会主席道格拉斯·希思将一般设计程序分为六大步：确定问题；收集资料和信息；列出可能的方案；检验可能的方案；选择最优秀方案；施行方案。

确定问题就是发现该产品现阶段所要解决的问题与开发的价值。收集资料和信息就是进入前期市场调研与分析的阶段，主要从社会生活、文化艺术与科技经济3个方面入手。列出可能的方案就需要召集设计师们研究讨论，集思广益。检验可能的方案是通过该产品所涉及技术的可实现性、人机学合理性和符合大众审美文化这3个方面，来进行方案的优化和深化。选择最优秀的方案，然后通过手绘效果图和三维软件效果图的表达，施行方案。

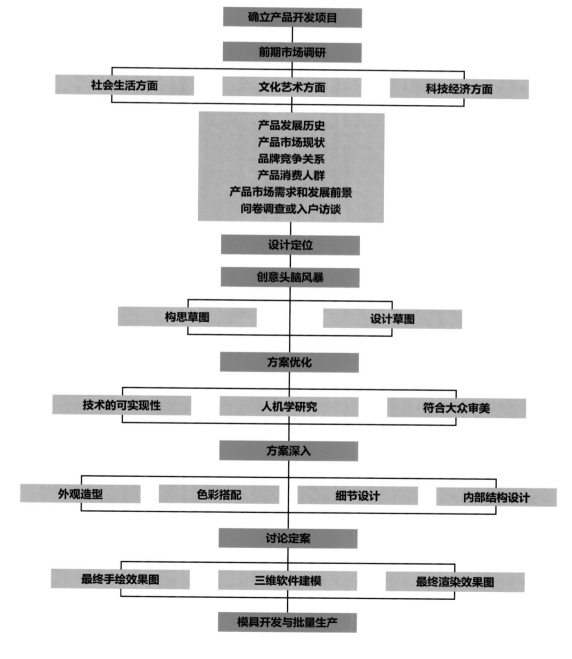

ICAMP Studio

学生细修作品

1.4 手绘与计算机设计的关系

在计算机辅助工业设计迅猛发展的今天，产品设计的效果表现过分地依赖于三维软件。然而，手绘作为传统的表现技法，有着其独特的表现效果及优势，原始的徒手作图方式更容易启发设计师的灵感，便于直接地传达设计创意与理念，同时还能强烈地表现出设计师的个性与风格。

设计过程是十分多样化的，它依赖于多种不同的记录、组织和细化理念的方法，如便利贴、快速草图的涂鸦，或手写便条、彩色编码，或空间结构、图表和流程图。草图因其速度和暂时性而对上述每一种方法来说都至关重要。

课堂记录

设计包括构思和表现两个阶段，手绘和计算机辅助设计在不同阶段各有优势。在设计构思阶段，传统手绘便捷、自由、易更改、易添加，完全不限制设计师的创意，这些优势都是计算机软件无法比拟的；而在表现阶段，计算机辅助的高效率、准确的形态与逼真的效果，使信息传递更为直观。

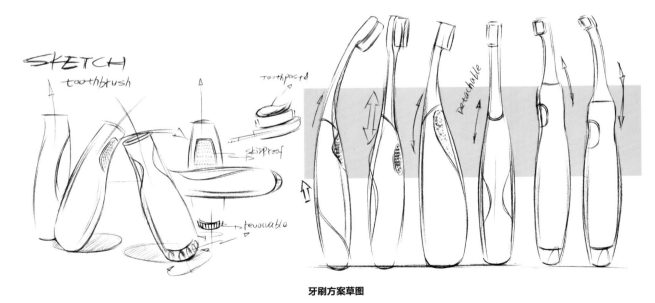

牙刷方案草图

这是一款牙刷的设计方案草图，在对整体造型的推敲过程中，草图有一个优点就是可以记录每时每刻的想法，方便对不同的方案进行比较筛选，或者对综合草图与草图之间的特点进行调整，这是一个比较全面的产品研究设计方法。

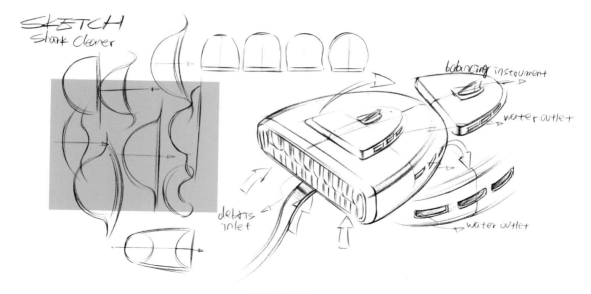

海洋垃圾桶方案图

中国著名设计教育家张福昌教授曾经这样说："要处理好现代手段和基本功的关系"。这里的基本功指的就是扎实的手绘能力。由此可见，传统手绘与计算机辅助设计是密不可分的，它们不是两个矛盾的个体，而是需要相融互补、合作互助的。在构思的初期使用传统手绘的方式进行快速表达，在最终效果图的表现阶段使用计算机辅助设计，结合两者的优势，调动两者的长处。

经常有学生问这样的问题

为什么可以用计算机工作，还要学习手绘呢？

到底是软件重要还是手绘重要？

我高中学过美术，还要学习手绘吗？

……

问这些问题的，基本上是在校大学生，可能是因为设计经验不足，或者是没有真正将手绘融入设计中，他们还停留在迷茫的时期。

计算机越来越频繁地应用于设计领域，我们也不知不觉地深陷不作为的泥潭，以为计算机可以完成一切设计工作。这种情况在学校尤为严重，导致很多学生不愿意去练习手绘，在设计作业中才发现自己依然表达不出心目中的理想方案，苦不堪言。在设计公司或企业，初期的创意都是以手绘草图的形式呈现，而计算机建模大多是后期制作人员的工作。

"软件重要还是手绘重要？"

问题的答案是软件和手绘同样重要！因为它们同是一个系统内的重要有机组成部分，因此，我们必须熟练掌握手绘和软件，并根据其各自的特点有机地融入设计中。

素描是美术的起始，手绘则是设计的开端。高中学过美术，有扎实的基本功，固然对手绘有很大的帮助，但素描与设计手绘还是有一定的区别的。因此，还是有必要进行专业化的手绘训练，提高创意造型的能力。

第 2 章
设计手绘综合解析

本章分类讲解了手绘的一些基础技巧及相对应的简单案例，主要分为线、透视、投影、版面设计、颜色与细节表达这六大模块，它们是构成产品最终效果图的重要元素。关于这六大模块的基础训练及方法，我们在《工业产品设计手绘实例教程》中进行了详细的讲解，在本书中主要是对其进行深化。线和透视是组成一幅产品线稿的基本元素，线稿画不好会直接影响手绘的最终效果，因此在练习时要尤其重视，踏踏实实练好每一根线的绘制。

【效果图赏析】

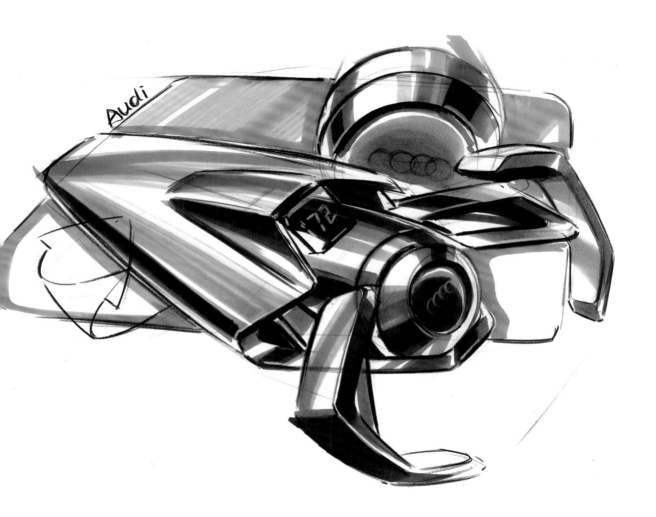

汽车方向盘效果图

这幅手绘效果图是一张课堂演示范例，讲解的主要内容是如何画出产品的最佳角度，选取一个好的角度来展示出产品的重要信息，如上图所示，基本的信息都能展示清楚，如仪表盘和操控把手等。

2.1　线

　　线(Line)，是手绘的灵魂。如果说手绘是设计的语言，那么线条则是华丽的辞藻，将设计师的灵感表现得淋漓尽致。一篇出彩的文章，不仅需要动人的故事情节，还需要优美的词语来修饰。同理，一张出色的手绘效果图，除了要有新颖的创意，漂亮流畅的线条也是颇为重要的。在练习手绘的前期，线条训练是一个很重要的环节，控制好线条有助于产品效果图的整体表现。

　　练习线条的方法有很多种，我所推荐的练习方法是定点画线，如下图所示。在绘制效果图之前，先在草稿纸上练习画线条，这是一个很好的习惯，可以放松指关节，锻炼手的灵活性，随后画的东西也会比较自然。

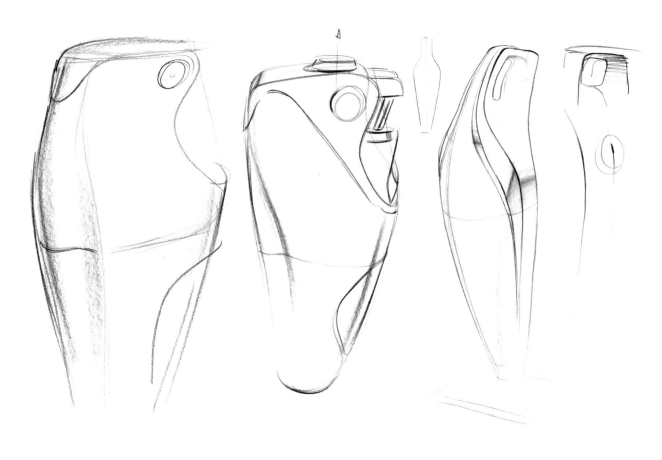

产品线稿表达示例

　　绘制产品手绘图时常用的线有直线和曲线两种。不同的线特点不同，练习的方法也不同。其中一种常用的练习方法是定点画线（两点直线、三点弧线、多点曲线）。首先在画纸上随意确定两个点，然后用笔尖在定点间来回移动寻找合适的轨迹，最后迅速下笔连接两个定点，画出理想的线。

　　在练习的过程中，同学们可以尝试去画一些简单的产品图。在画线的时候有意识地控制线条的轻重变化，尽量将产品的体积感和虚实感处理到位。

在产品手绘表达中，线的用法很有讲究。线条是产品的灵魂，它们撑起产品的整体骨架，并用轻重虚实来体现产品各部分的凹凸感，使产品手绘效果图生动活泼。

在一幅完整的产品手绘图中，每个物体都由轮廓线、结构线、分型线（或分模线）、剖面线（或断面线）等线条组成。这些线型在产品手绘的表现中各有用处。

下图是电动剃须刀的线框图。图中包含了好几种不同的线型，虽然纵横交错但又都清晰流畅，贯穿于整个产品效果图的内外。不同颜色的线代表着不同种类的线型。蓝色为轮廓线，是产品的外边缘界线；红色为结构线，是组成产品整体骨架的线；紫色为分型线，是产品两个部件之间的接缝线；绿色为剖面线，剖面线不是真实存在的线，是代表产品表面凹凸走向的辅助线。以上各种线型在绘制时有一定的区别，如粗细、轻重等。

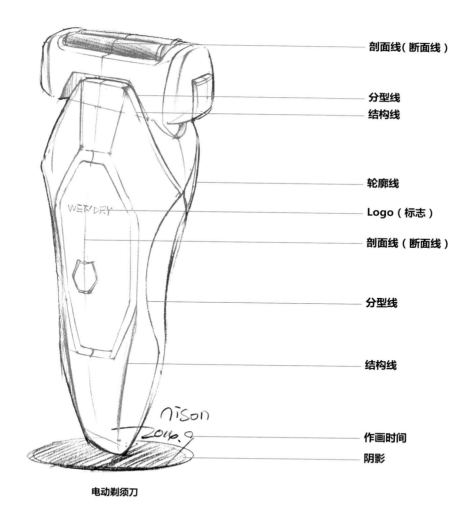

剖面线（断面线）

分型线

结构线

轮廓线

Logo（标志）

剖面线（断面线）

分型线

结构线

作画时间

阴影

电动剃须刀

2.1.2　线稿

在我们身边，产品有各种各样的形状，每个造型都有它们的目的和意义。下面这个产品的造型比较特别，结构转折明显，线条的处理也比较有立体感。

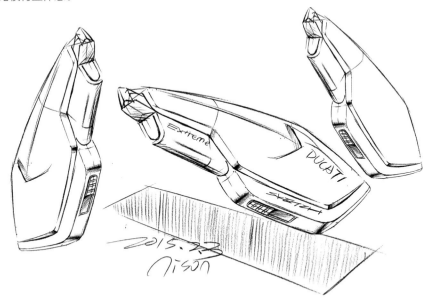

产品线稿示例

在设计手绘表达中，线稿是非常重要的一部分，它可以将一个产品的结构清晰地表达出来。产品的线稿画得完善，马克笔上色就会轻松很多。下图是移动充电机，造型有点像吸尘器，产品的前面是个弧面。在绘画的时候要抓准这两条弧线，线条一定要流畅。马克笔上色时必须要顺着产品的结构去运笔。

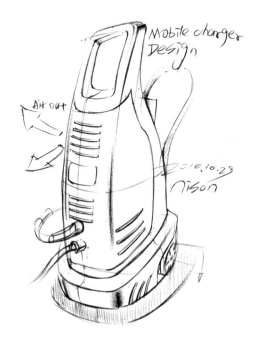

移动充电机铅笔线稿图

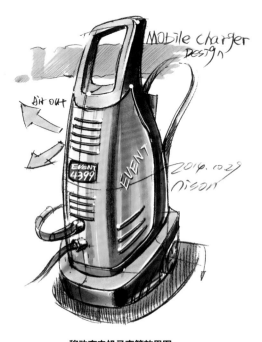

移动充电机马克笔效果图

2.2 透视基础

透视（Perspective）指在平面或曲面上描绘物体空间关系的方法，是美术基础的一大重点。在绘画中，对透视知识的了解必不可少，处理好物体的透视关系是设计师应具备的绘画基本技能之一。因此，只有掌握了透视法则，才能轻松画出具有合理透视关系的产品效果图。同时，透视法则也可以看做是调整画面视觉效果的有利工具。

在产品表现中，一般会用到的透视有一点透视（平行透视）、两点透视（成角透视）和三点透视等。由正确的透视法则表现出来的空间或物体，在二维图纸上能够呈现出相对真实的三维效果。因此，在设计领域内，透视是协助设计师表达设计创意或设计构思的有效技法。

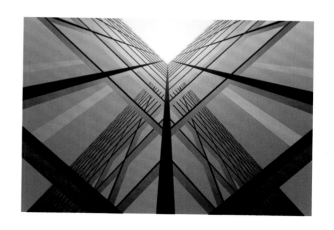

2.2.1　一点透视

一点透视又称作平行透视（Parallel perspective），是透视学中一种简单的透视法则。一点透视仅有一个灭点（Vanishing point），如下图所示，方体与画纸、地面平行，方体的三组棱线中，有两组与视线呈垂直或平行状态，另一组则消失于灭点。

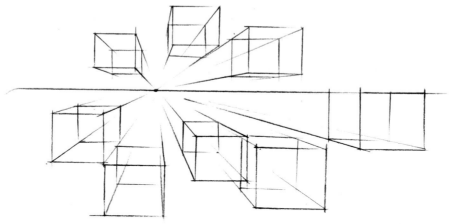

一点透视成像图

在产品表现中，表达方式各有不同。就透视而言，有一点透视、两点透视等展示产品的方式。一点透视在某些特定的情况下能表现出产品的最佳效果。

右图是一个很好的案例。用一点透视表现出来的蓝牙耳机，完美地展示了其顶部的弧线以及整个造型的轮廓特点。

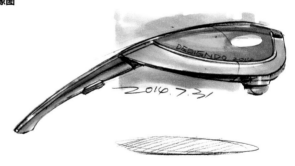

蓝牙耳机效果图

▌ 侧视图

（1）电吹风

右图是电吹风一点透视的手绘效果图。在这样的视觉效果下，一点透视直观地展现了电吹风的外形轮廓以及其优美的曲线造型。

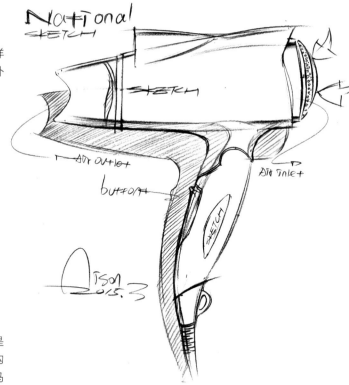

（2）耳温枪

下图是耳温枪的一点透视手绘效果图。左侧是产品的铅笔线稿图，利用简洁的线条将产品的结构表现出来，注意线条的轻重把握；右侧是产品的马克笔上色效果图，根据铅笔稿的结构线有规律地将颜色涂上。

电吹风铅笔线稿图

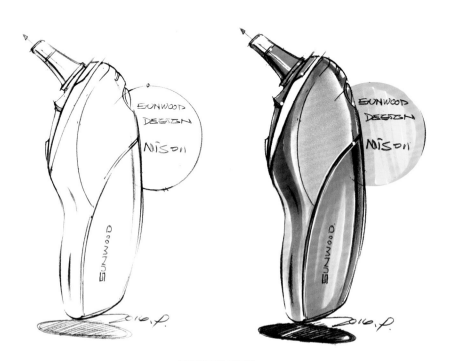

耳温枪手绘效果图

2 一点透视效果图

留意过商场产品陈列方式的读者会发现，大部分产品会以侧面向顾客展示。如本例中的车载吸尘器、运动鞋和电钻，它们会将具有代表性的侧面展示给消费者，来吸引他们的注意。

（1）车载吸尘器效果图

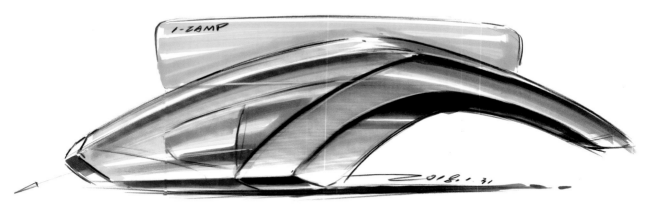

车载吸尘器

（2）运动鞋效果图

专卖店里的鞋子都是呈侧面展示。消费者试穿鞋子时，会在镜子前面侧着脚观察鞋子，因为鞋子侧面的状态是最能体现其特点的，如下图所示。

运动鞋

（3）电钻效果图

电钻

　　这三张效果图在材质、颜色和细节等方面都表达得比较到位。在设计的过程中，效果图不仅能用来探索设计的解决方案，还可以表现产品的真实性。除此之外，情感的触动方面也是十分重要的，一张出彩的效果图可能会打动更多的顾客。

2.2.2 两点透视

两点透视即物体在视平线上有左右两个灭点，同时，物体面对画纸的两个面与画纸底边呈一定角度，所以也叫成角透视（Angular perspective）。

在产品手绘表现中，两点透视是一种常见的透视法则。在大部分情况下，它可以很好地展示出产品的外形轮廓与造型特点。

下图是两点透视的成像图。在练习透视时，这样的成像图是最好的练习内容。首先在视平线上定好左右两个灭点，在画透视小方块时，大脑和手部肌肉需同时进行记忆，增强对透视的敏感度。

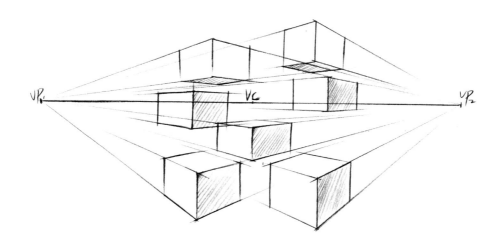

两点透视成像图

在室内手绘表现中，这种空间透视方法能反映出建筑体的正侧两面，轻松表现出建筑物的体积感，使画面效果更加自由、活泼，如下图所示。

两点透视作图法

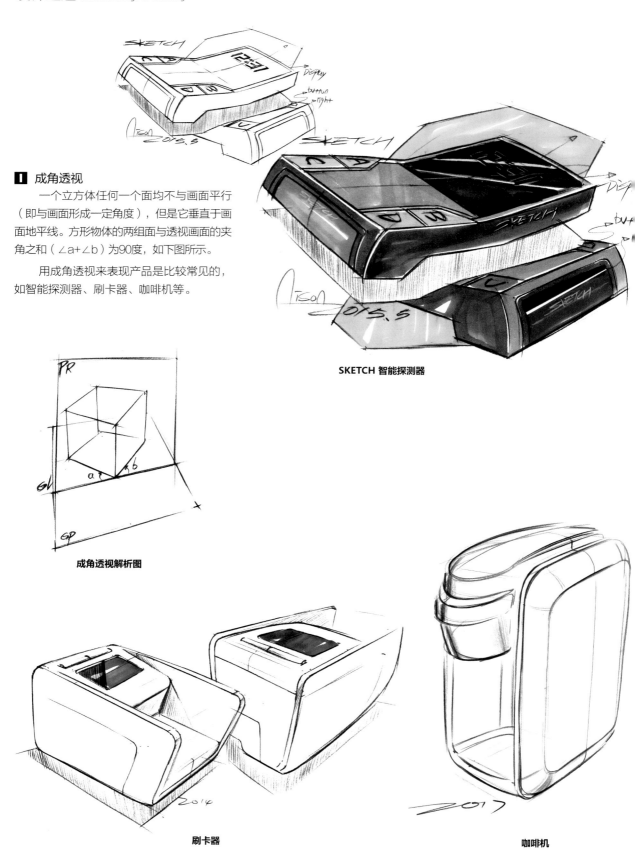

▋ 成角透视

一个立方体任何一个面均不与画面平行（即与画面形成一定角度），但是它垂直于画面地平线。方形物体的两组面与透视画面的夹角之和（∠a+∠b）为90度，如下图所示。

用成角透视来表现产品是比较常见的，如智能探测器、刷卡器、咖啡机等。

SKETCH 智能探测器

成角透视解析图

刷卡器

咖啡机

2 两点透视效果图

　　相对于一点透视，两点透视可以更全面、更丰富地展示产品的外观造型，同时其视角会使人感到视野宽阔，视觉冲击力强。

（1）户外点火器

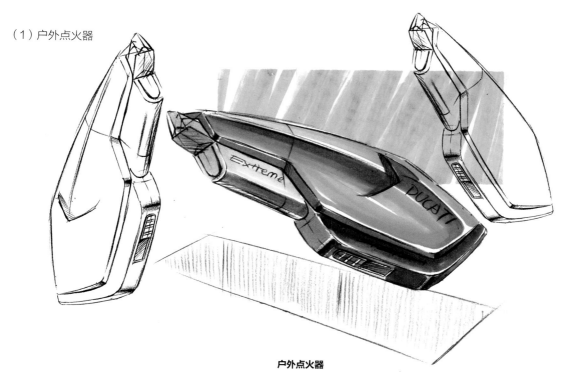

户外点火器

（2）便携式电动螺丝刀

　　透视的强弱与效果成正比，在用两点透视表现产品外观造型时，四分之三侧面的视角是非常常见的，表现效果好。

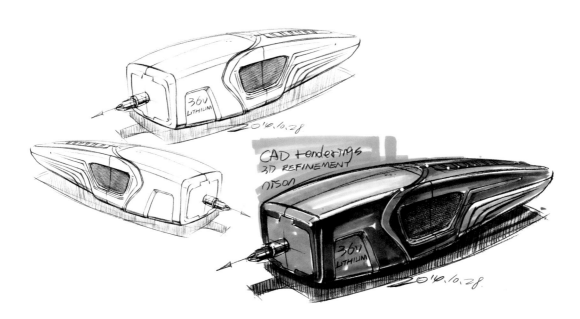

便携式吸尘器

2.2.3 三点透视

三点透视又称斜角透视，物体没有一条边或面与画面平行，相对于画面，物体是倾斜的。在两点透视的基础上，所有垂直于地平线的延伸线都聚集在一起，形成第三个灭点。三点透视适合表现高大宏伟的建筑，仰视建筑有开朗之感；俯视建筑有深邃之感。

在产品设计手绘表现中，某些时候会用到三点透视，三点透视表现更具夸张性和戏剧性，但如果角度和距离选择不当，会失真变形，下图是三点透视成像图。

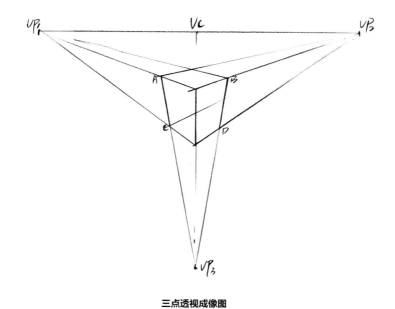

三点透视成像图

高层建筑，无论是摄影还是手绘表现，都会选取三点透视法来表现，因为三点透视的表现效果相对夸张和强烈，可以突出建筑高大雄伟的特点。下图是一幅用SketchUp绘制的建筑手绘图。

建筑手绘图

1 几何体

下图的几何体组合利用三点透视表现法，透视感强烈，展现了产品的局部特写。

2 智能手机

悬挂在半空中的智能手机，利用三点透视表现法，使整个产品显得厚重、踏实。

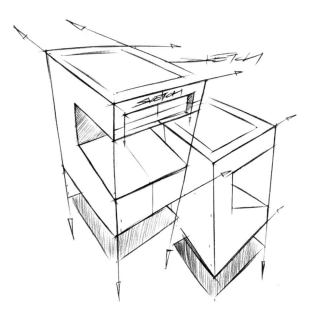

三点透视几何体

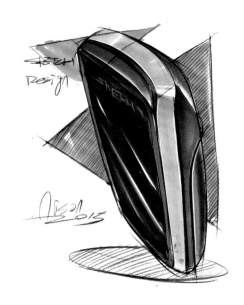

智能手机

3 圆柱体

右图是三点透视的柱体练习图，将透视夸张表现，强化效果。

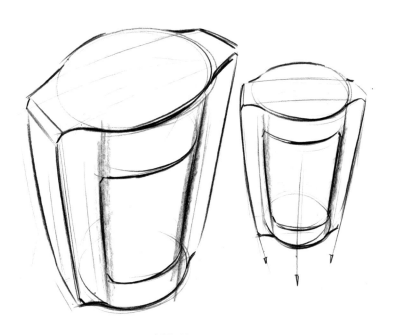

三点透视柱体练习

2.3 投影

2.3.1 投影的原理

投影(Shadow)是投射线通过物体，向选定的投影面投射所形成的形状。照射光线叫作投影线，投影所在的平面叫作投影面。有时光线是一组互相平行的射线，如太阳光或探照灯光束中的光线。由平行光线形成的投影是平行投影(Parallel projection)。由同一点(点光源发出的光线)形成的投影叫作中心投影(Center projection)。投影线垂直于投影面产生的投影叫作正投影。投影线不垂直于投影面产生的投影叫作斜投影。物体投影的形状、大小与它相对于投影面的位置和角度有关。

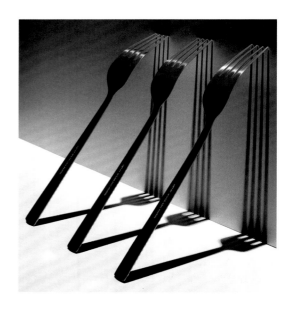

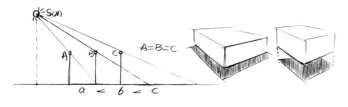

投影示例图

2.3.2 投影的计算

任何物体在有光的情况下都会产生投影，无论大小，即使一根头发也有投影。投影有虚实，越靠近物体投影越重，反之则越淡。下面是柱子与方块的投影实例，注意观察彩色线条。红色线是光源射线，蓝色线是投影线，黄色块是方块投影的面积。按照这样的作图方法，投影的面积显而易见，如下图所示。

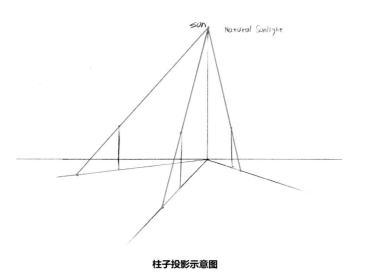

柱子投影示意图   **方体投影示意图**

2.3.3 投影的处理

1 血压测量仪

　　投影是美术基础中很重要的一部分，有投影的图跟没投影的图是有很大区别的。下面是一组产品线稿图，分别是没处理投影和处理了投影的效果。处理了投影的画面显然稳重了许多，空间效果也加强不少。

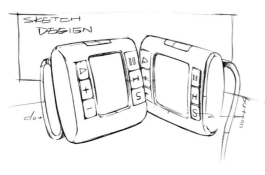

血压测量仪 1

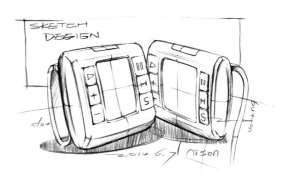

血压测量仪 2

2 MP3 播放器

　　大部分产品的投影是根据产品的大致形态而确定的，但有时用与产品形态完全不同的几何图形来表现投影，可以活跃画面气氛，增加画面趣味性。下图MP3播放器的投影就用了一个椭圆去概括。

MP3 播放器

2.4 版面

2.4.1 版面样式

快题手绘是工业设计研究生入学考试的重点科目。除了设计创意之外，卷面设计也是很重要的一部分。画卷中的内容必须环环相扣，整齐的卷面排版能让考官阅卷思路清晰，是拿高分的必要条件。在快题卷面中，有几个因素大家必须要重视，同时它们也是考官评分时的参考标准，这些要素包括标题、主效果图、细节图、爆炸图、三视图、设计说明、使用场景、指示箭头等。

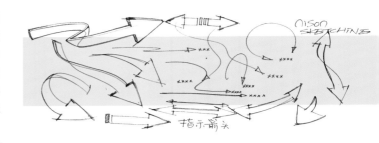

2.4.2 版面布局

右图是以 A3 纸大小设计的几个版面样式图，分别是以不同形状的几何体作为例子。产品的造型各式各样，画面的排版也根据产品的特点进行了设计。

版面样式

■ 标题（Title）

标题的位置一定要醒目，一般会写在卷面的顶部边缘或底部。字体要清晰得体，可以选用pop字体，带点趣味性会使画面更主动，但最好还是根据设计作品风格去设计，如右图所示。

（1）大小

标题文字不能太小或太大，以A3纸（420mm×210mm）为例，文字高度控制在20mm左右，标题文字长度控制在150mm左右。

（2）字体

中英文字体都可以，或者中英文相结合，重点是要醒目。

2 主效果图 (The main figure)

　　主效果图是卷面中很重要的一部分，是设计的最终表现，两至三个角度组合为最佳。因此在绘制之前，大家要提前预计好产品的大小、视角、透视和配色等。画面整体效果要引人注意，效果越强烈越好，如下图所示。

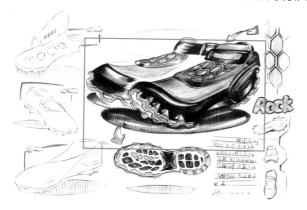

卷面整体效果图

主效果图

3 细节图 (Details)

　　当效果图绘制出来后，有些细节可能因为角度、大小的原因表现得不尽如人意，说服力不够强，这时就需要局部放大刻画一些细节，或者换个角度去刻画。可以使用一些箭头去配合说明，将想要表达的内容尽量绘制出来，使整张效果图清晰易懂，如下图所示。

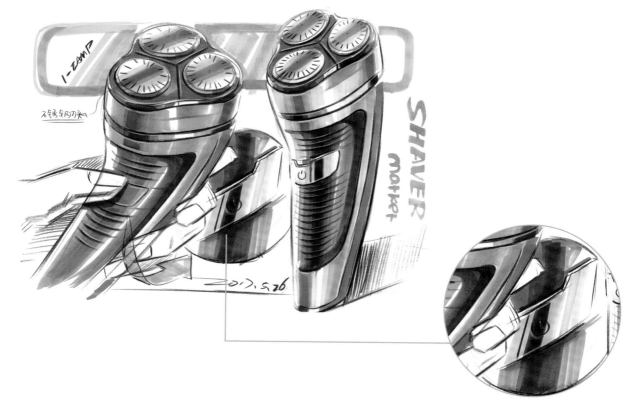

剃须刀效果图

按钮细节图

4 爆炸图 (Exploded view)

爆炸图是具有立体感的分解说明图，作用是图解说明产品的内部结构和各部分构件，下图是几个简单的产品爆炸图范例。

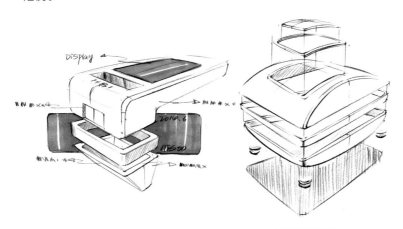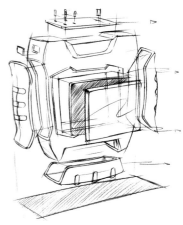

产品爆炸图范例

5 三视图 (Three views)

三视图指的是产品的主视图（前视图）、俯视图和左视图这三个基本视图。主视图和俯视图的长度相同，主视图和左视图的高度相同，俯视图和左视图的宽度相同。

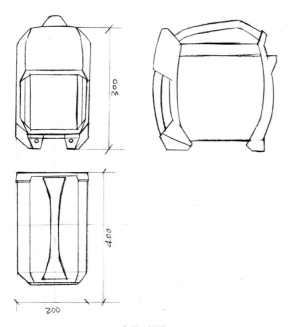

产品三视图

6 指示箭头 (Arrows)

箭头属于附加内容，可以增加画面的气氛，引导读者的视线。有时候可以代替文字，将表达的东西连接得井井有条，调整画面的平衡。

7 设计说明 (Description)

设计说明是用简短的语句来对设计作品进行描述，内容包括创意来源、功能特点、加工工艺等。设计说明一定要完整全面，但又不能复杂烦琐。

8 使用情景 (Context)

使用情景图是一个较好的产品展示方式，某些时候比文字更生动、具体。它可以很形象地表达出产品的使用方式和使用人群，甚至还可以使读者融入故事场景当中，让其体验到该作品的乐趣。

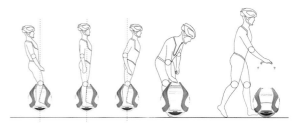

产品使用情景说明图

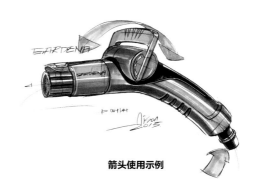

箭头使用示例

2.5 颜色

颜色（Color）是通过眼、脑和我们的生活经验所产生的一种对光的视觉效应。颜色的种类非常多，不同的颜色会给人不同的感受。红、橙、黄给人的感觉是温暖和欢乐，因此称为"暖色"；蓝、绿、紫让人感到安静和清新，因此称为"冷色"。在产品设计中，颜色的搭配非常关键，不同类型的产品适合搭配不一样的颜色。

2.5.1 色彩搭配

在工业产品设计中，大部分产品不会出现太多种颜色，很多产品的颜色都是黑、白、灰色，特别是电子通信产品。玩具和家居产品颜色会丰富一些，这都是根据产品的基本属性去设计的。

在产品设计手绘中，马克笔是手绘中比较常见的上色工具，马克笔的运用也是十分讲究的，它能很好地表现出设计师的创意。配色会直接影响到消费者的购买欲望。

产品局部颜色效果图

2.5.2 马克笔效果图

1 运动鞋

运动鞋的色彩应该是鲜艳明亮且充满生命力的。于是绿色，这个清新而活泼的颜色，便成了非常适合运用在运动鞋设计上的配色。此外，除了经典且热门的绿色，橙色也是很好的选择。

右边这两张效果图的上色工具为马克笔和色粉笔。首先用色粉笔轻轻地涂上一层淡淡的颜色（色粉笔的一个优点是可以用橡皮擦擦修改，擦出想要的渐变效果），然后用马克笔处理转折处和暗部，丰富颜色的变化，增强运动鞋的体积感。

运动鞋效果图

2 弱音器

优秀而精致的线稿是马克笔上色的基础。流畅的线条加上清晰的产品结构，让马克笔上色变得更加轻松。下图是一张弱音器产品的设计手绘图，简洁流畅的线条将整个产品的轮廓造型表现得淋漓尽致。 在线稿的基础用色粉笔和马克笔上色，使整个产品变得更加活跃。马克笔上色越熟练，画面效果就会越好， 如下图所示。

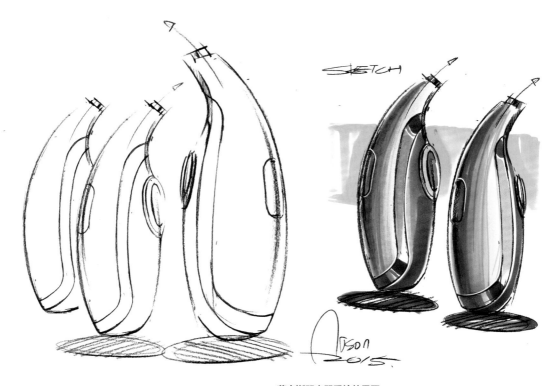

萨克斯弱音器手绘效果图

2.6 细节

"千里之堤，溃于蚁穴"，细节决定成败。看似无关紧要的小事，往往会引起致命的伤害。同理，在手绘中也是一样，细节是影响画面整体效果的关键因素。然而，细节却又常常容易被忽略，以至于理想的产品品质没能很好地表达出来，使产品的最终效果不尽如人意。

2.6.1 细节刻画

细节（Details）是一张效果图中非常精彩的部分，包括结构转折、材质、肌理效果、颜色等。这些细节丰富了画面，让手绘效果图更逼真。

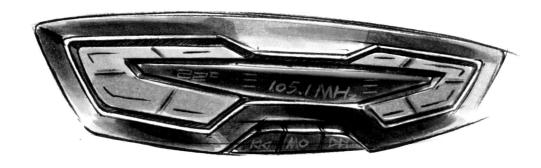

车载播放系统界面

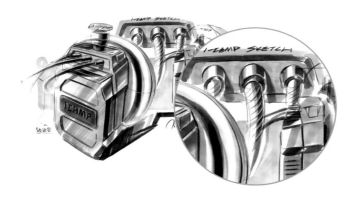

空气压缩机

左图是空气压缩机的马克笔效果图和它的局部细节放大图。

在绘制产品效果图时，大家常会遇到一些体积过小、摆放角度过偏而无法对其细节进行刻画的产品，此时我们可以将需要表达的细节进行局部放大。

2.6.2 产品细节效果图

1 蓝牙耳机

蓝牙耳机的造型很独特，曲面的表现要流畅，马克笔运笔要跟着曲线走，注意结构之间的微妙变化。

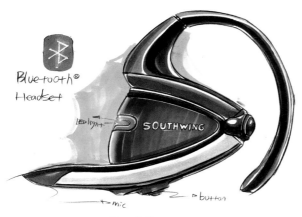

蓝牙耳机效果图

2 电子产品屏幕

液晶屏（LCD）是电子产品显著的特征之一，因此，我们要把握好对屏幕细节的刻画。如下图所示，在电子产品液晶屏的表现中，要特别注意对屏幕中央的反光界线、屏幕的厚度和屏幕边框四角高光点的细节刻画。

电子产品屏幕细节表现

3 婴儿理发器

使用色粉笔和马克笔结合上色来表现产品的反光材质是一个不错的选择。色粉笔的过渡效果比马克笔好，不同颜色的色粉笔可以混合调出理想的颜色，色粉笔上完色还可以用橡皮擦涂抹修改。

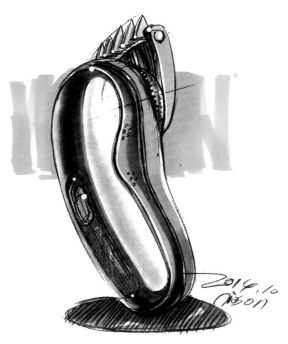

婴儿理发器效果图

4 汽车尾灯

下图是汽车尾灯的绘制效果，在绘制之前我搜索了一些汽车的尾灯设计，并观察和总结它们的特点。在有基础的了解之后，我尝试用笔勾勒出车灯的大致轮廓与结构，再用红色马克笔为灯壳上色，最后用高光笔勾画出高光。注意刻画车灯内部的结构，突出它们的体积感与空间感。

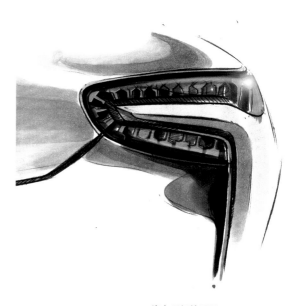

汽车尾灯效果图

2.7 材质

2.7.1 常见材质表现

　　材质（Material）也叫质地，是材料和质感的结合。在手绘表现中，为了将产品表达得更真实，不能忽略对产品材质的刻画。虽然手绘无法做到像软件渲染图一样逼真，但优秀的手绘效果图足以让读者识别出产品的材质。在工业产品中，常见的材质有塑料、金属、皮革、玻璃、木材等，下面将逐一列举几种材质表现的例子。

2.7.2 材质讲解

1 塑料

　　塑料（Plastics）的主要成分是树脂，具有良好的可塑性。在工业产品手绘中，高反光和磨砂材质的塑料较为常见。

　　下图是一款盆栽修剪器的手绘效果图，产品表面的反光效果相对减弱，突出其表面颗粒感十足的特质。

塑料材质表现

盆栽修剪器效果图

下图是游戏鼠标的手绘效果图。从产品表面比较弱的反光可以看出，这是一种磨砂塑料材质。因此，在用马克笔上色时，要特别注意对反光的刻画——使用拖笔笔触，过渡均匀。

游戏鼠标效果图

2 金属

黑白对比、明暗对比强烈是表现金属材质的特点。为了让产品的金属感更强，在产品手绘中，要有意地夸张其表面色彩的明暗对比，来加强金属的反光效果。下图为金属材质表现的示例图。

下图是电热水壶的手绘效果图，电热水壶的金属表面对比强烈，甚至会出现很重、很锋利的色块，均来自其他结构或周围环境的反射。

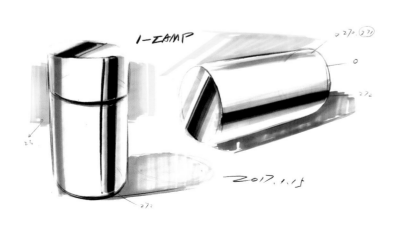

金属材质表现

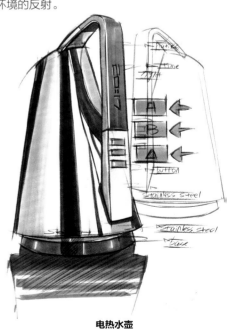

电热水壶

下图是金属材质的渔具收线器，在绘制时为了体现金属的质感，会加强明暗对比。

剃须刀的刀头部分和正面是金属材质，在马克笔表现时明暗对比度需要加强，如下图所示。

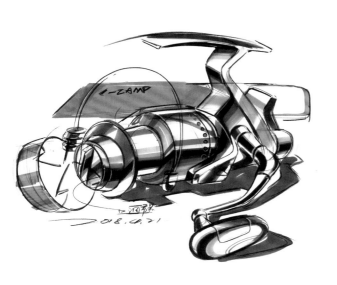

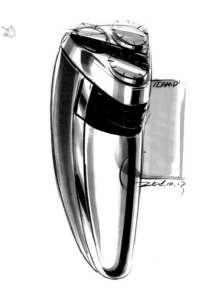

渔具收线器效果图

剃须刀效果图

3 皮革

在手绘表现中，皮革材质的产品也比较普遍，如手提袋、鞋子、钱包、汽车座椅等。柔软的质地、丰富的表面肌理、易变性、多线缝等都是皮革材质的特点，在绘制时大家要懂得随机应变，尽量突出表现其特征。例如，光滑的皮革，要突出其表面的流畅性及反光感，而凹凸的皮革就要绘制出简单的凸起或凹陷。

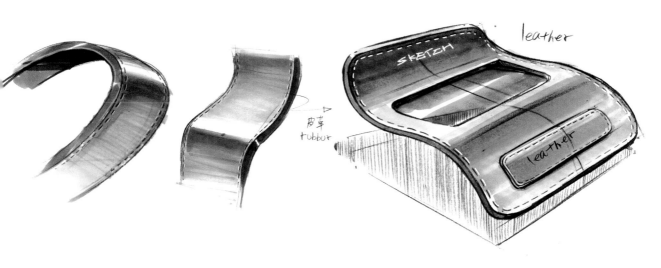

皮革材质表现

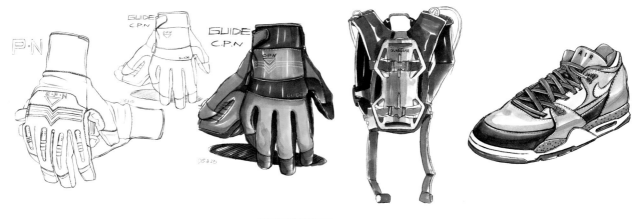

皮革材质产品表现

4 透明材质

透明材质除了有明显的透明特性之外，还有折射和反射的特效。在效果图表现中，这些特性都起到了非常重要的作用。玻璃反射光线的强弱与环境光线的强弱成正比，环境光线越弱，反射光线越弱，反射环境周围的东西也越模糊（对周围物体的反射也越模糊）；同理，环境光线越强，反射光线也会越强，周围物体的反射也会变得更清晰。右图是对透明玻璃材质的表现效果图。

在绘制一些有透明材质的产品时，我们要特别注意玻璃的特性，如一些电子产品的液晶显示屏或有显示功能的玻璃屏幕。如下防毒面具马克笔效果图，在绘制透明材质时，要注意表现出通透感和玻璃反射的环境色。

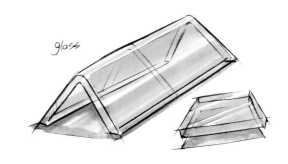

玻璃材质表现

防毒面具效果图

5 木材

木材具有天然色泽和美丽的花纹，常见的木材颜色有灰白色、浅黄色、红褐色和黑棕色等。木材是一种源于大自然的材质，具有随机的木纹特性和丰富的木材颜色，表面反光较弱，在表现时要轻松、随意。

木材一般应用在乐器、电子产品、文具、家居产品上。下图中的木纹鼠标表面是由金属材质和木材组成的，绘制时要注意虚实处理，木纹的刻画不要太刻意，要突出自然的木质效果。

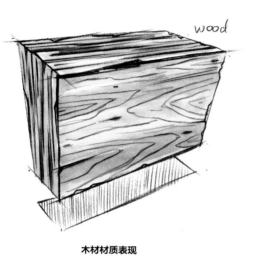

木材材质表现

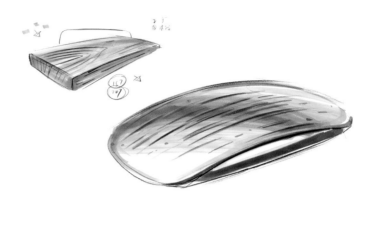

木纹鼠标效果图

再看一个木纹订书机的案例，可以发现其木质质感的绘制还是比较简单的，只要注意固有色和纹理特征就行，反光减弱，明暗关系还是和其他材质一样去理解。

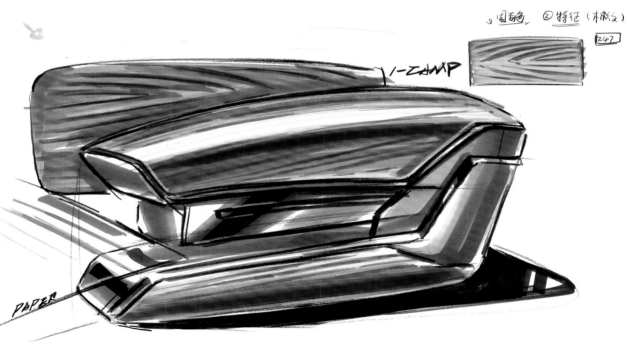

木纹订书机效果图

第 3 章
造型手绘推敲

与计算机辅助设计相比，手绘的优势在于，设计产品最初造型时可以对产品的形态进行推敲、分析与线性分割。在绘制概念草图阶段，设计师在画纸上随意涂抹、添加、勾勒，放纵自己来进行头脑风暴。因此，手绘的便捷、自由、易更改、易添加，带给设计师无限的情感与创意的释放空间，为他们提供了一条无障碍的思考路线。

自然界中可以提取的形态多种多样，从植物到动物，从古老的图腾，到刻板的具象模仿，再到抽象、隐形的仿生设计。极具现代化气息的仿生设计，不仅限于形态与造型的仿生，还包括色彩仿生、纹理仿生、结构仿生、功能仿生等。从人性化的角度来看，仿生设计不仅在物质上，更是在精神上追求传统与现代、自然与人类、艺术与技术、主观与客观、个体与大众等多元化的设计融合与创新，体现辩证、唯物的共生美学观。

【效果图赏析】

电熨斗效果图

这是一张电熨斗马克笔效果图，主要是想演示一下马克笔的笔触如何做到干净利落：首先要理解产品的形体走向，因为运笔是根据产品的结构特征走的；再次就是把握好颜色的深浅，知道哪里该加重、哪里该留白，笔触一定不要多次重复涂抹，见好就收。

3.1　几何形体

　　面是构成体的主要元素，按照面的特点可以把体分成两类：第一类是有曲面参与的曲面几何体，如圆柱体、球体；第二类是由平面围成的平面几何体，即由若干个平面多边形围成的多面体，如棱柱体。

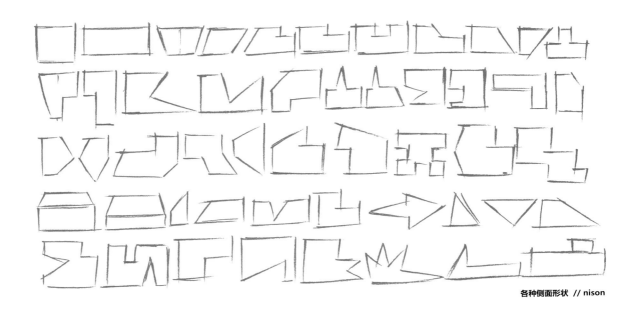

各种侧面形状 // nison

　　在生活中，随处可见一些硬朗风格的产品设计，方方正正的产品也有一种别样的味道。简洁的外观造型，金属切割的视觉效果，精心处理的细节和严谨的材质加工同样可以体现产品的质感与品质，不需要很复杂的造型与颜色。

收纳盒音乐机　　　　　　　　　　　　**SoundBOX 音乐盒**

3.1.1 棱柱体

下图是一些未经加工处理的棱柱体。在产品设计中，我们经常会看到这些由几何体演变出来的产品，如冰箱、电视、电脑机箱、音箱、手机等。

■ 棱柱体切割

如下是这些棱柱体的演变过程。

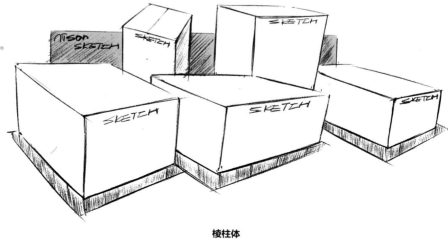

棱柱体

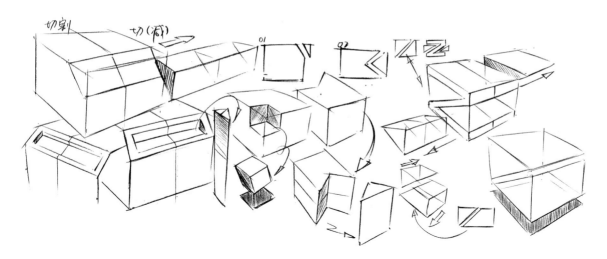

棱柱体的切割过程

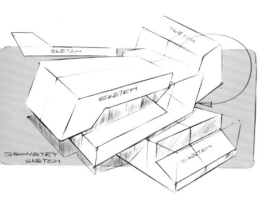

棱柱体简单切割

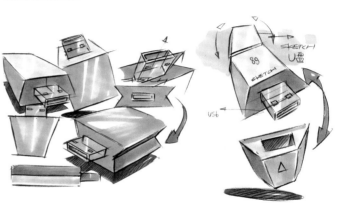

U 盘设计

下图是棱柱体经过切割处理得到的旋转式摄像头。在绘制的过程中思路一定要清晰，先画出摄像头大致的三视图，控制好产品比例，然后绘制透视图。在棱柱体的基础上，通过倒角、布尔等步骤，将几何体组合。最后试着从多个角度去绘制，尽量将整个产品理解透彻。

旋转式摄像头设计草图

2 产品效果图示例

有了对棱柱体造型的认识，经过切割和造型研究，得到下面有棱柱体元素的产品效果图。

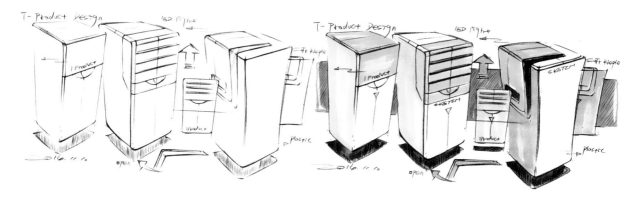

储物柜设计图

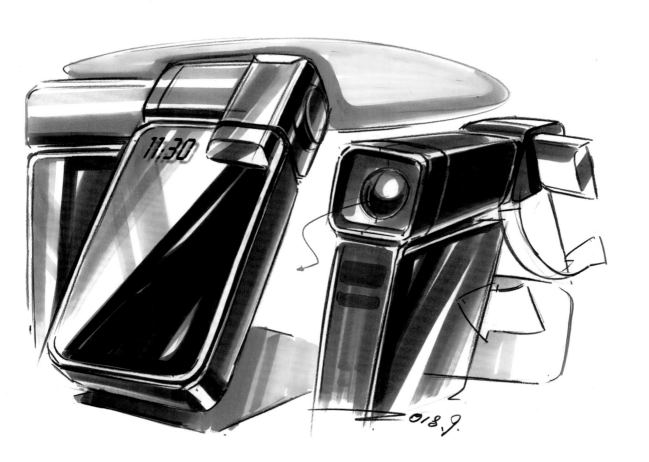

智能手机效果图

3.1.2 圆柱体

圆柱体是有曲面参与的曲面几何体。右图是几个不同角度的圆柱体，绘制这种几何体的时候首先要定好一条中轴线，确定好圆柱的高低和角度并注意两端椭圆的形状。

在产品设计中，圆柱体的应用非常广，如空气净化器、音箱、保温杯等。

■ 圆柱体切割

左图是圆柱体的切割演变过程。整个过程类似于"劈柴"，不用去想要"劈"出一个什么造型，多加尝试，最终肯定能设计出许多出乎意料的新造型。

先画出两端的圆，注意两个圆的透视关系，将两个圆的长轴连接起来得到一个完整的圆柱体，然后再画辅助线去切出一些新的造型。在切割的时候，可以对其加上明暗交界线和投影增强圆柱体在画面上的体积感。

2 圆柱体造型

右图是在圆柱体的基础上，经过初步切割、变形处理，还没有经过深入刻画所设计出的一些新造型。这些造型都是在绘制时脑海中一闪而过的想法，画完第一个后马上出现第二个，慢慢地想法越来越多，越来越丰富。当完成这些造型后，你会发现画手绘的过程其实也是一个创造和设计的过程。

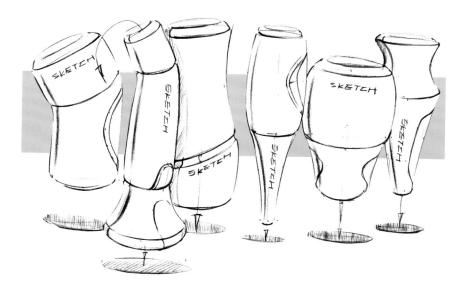

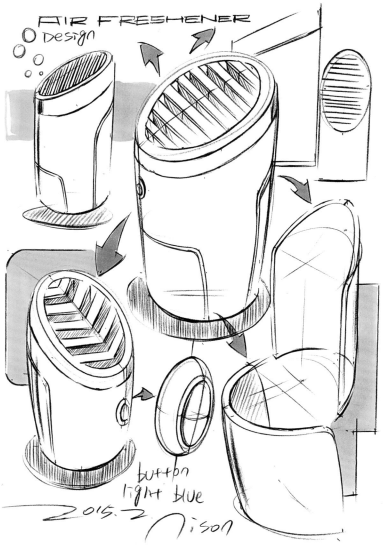

3 空气净化器

左图是一款空气净化器的方案草图。整个造型以圆柱体为元素，顶部作倾斜处理，造型简洁。从这张草图中可以很清楚地了解到整个产品的基本造型特点。

与客户交流方案的时候，这样的草图足以表达你的想法。用手绘说话，效果生动，思维清晰，能把想法和创意表达得具体明了。

4 产品效果图示例

有了对圆柱体造型的认识，经过切割和造型研究，得到下面有圆柱体元素的产品效果图。

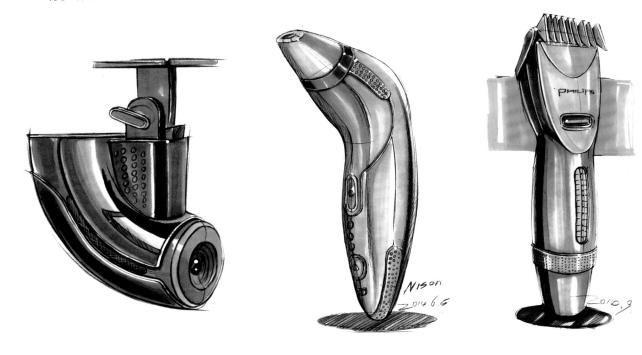

摄像头　　　　　　　　　　　　　美容电疗仪器　　　　　　　　　　　　电动理发器

净化器

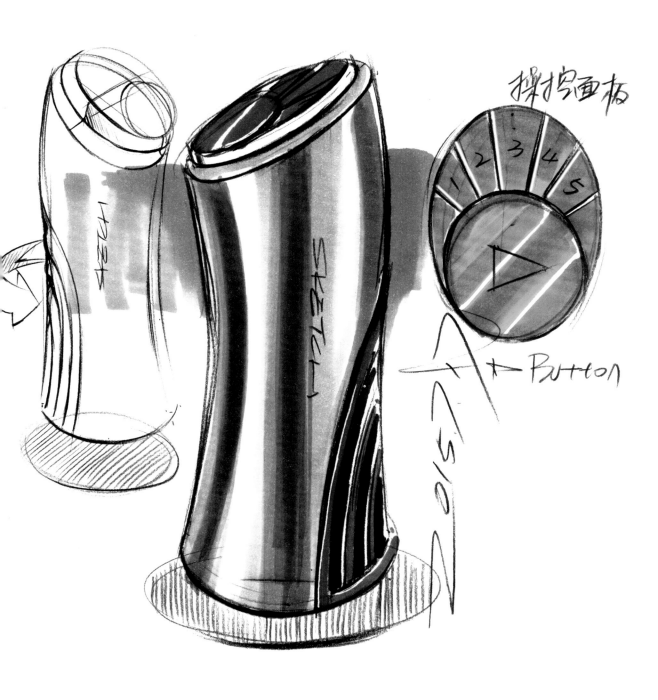

SKETCH

SKETCH

2015.7

操控面板

1 2 3 4 5

← Button

时尚香薰器设计图

3.1.3 球体

球体是一个连续曲面的立体图形，由球面围成的几何体称为球体。球体的绘制其实就是多个圆的绘制过程，绘制时切勿犹豫，要使用肯定的线条。

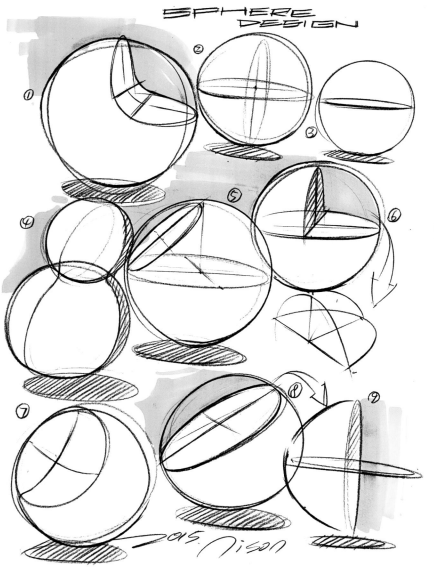

■ 球体切割

试着将一个完整的球体进行对切或不规则切割，看看会得出一个怎样的造型。

2 球体的造型

球体是一个很特别的基本体，表面圆滑，无论从什么角度看，都是一个圆形的轮廓。右图是一个电脑摄像头的手绘草图，是以球体和圆管组成，整体给人的感觉是圆润的。

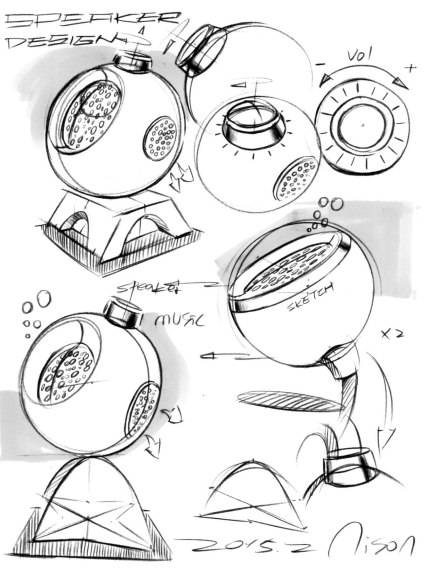

3 SPEAKER DESIGN

左图是一个蓝牙音箱的设计手绘草图。在一个球体的基础上进行切割，再加上一些细节处理，这样就设计出了一个蓝牙音箱的造型。

在绘制的时候画些辅助线，方便我们准确地定形，尽量避免比例和透视的错误。

4 产品效果图示例

有了对球体形态演变的认识，经过切割和造型研究，得到下面带有球体元素的产品效果图。

士兵头盔效果图

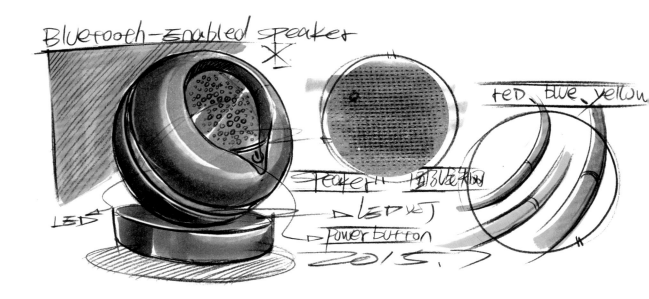

蓝牙音响效果图

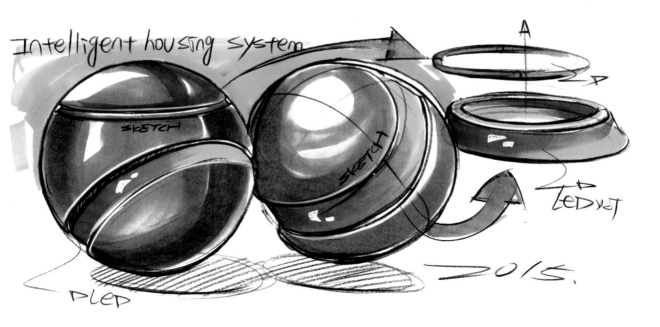

智能家居系统效果图

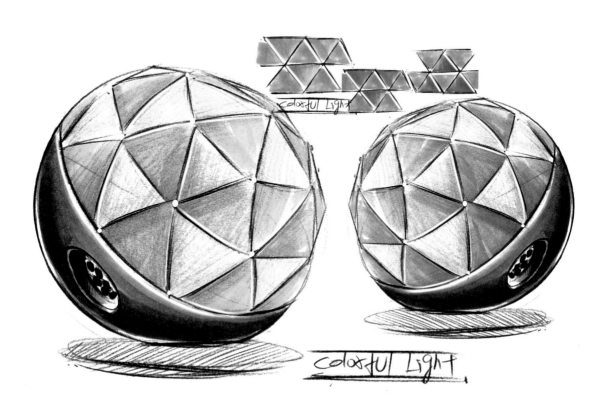

舞台彩灯效果图

3.2　仿生形态

　　仿生设计学，也可称之为设计仿生学（Design Bionics），仿生设计学与旧有的仿生学的应用不同，它是以自然界万事万物的"形""色""音""功能""结构"等为研究对象，有选择地在设计过程中应用这些特征原理进行的设计，同时结合仿生学的研究成果，为设计提供新的思想、新的原理、新的方法和新的途径。

　　仿生物形态的设计是在对自然生物体，包括动物、植物、微生物、人类等所具有的典型外部形态的认知基础上，寻求产品形态的突破与创新。仿生物形态的设计是仿生设计的主要内容，强调对生物外部形态美感特征与人类审美需求的表现。下面是一些造型特别的动物形态速写。

海豚动态速写

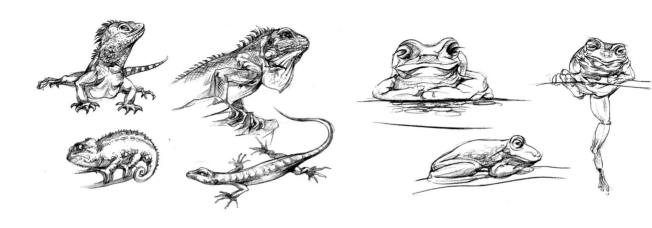

蜥蜴动态速写　　　　　　　　　　　　　　　　　　**青蛙动态速写**

下图是仿海豚设计的一款按摩器，抽取海豚的体型线条元素。把手部分也符合人机工程学，手握按摩器贴合曲面，线条非常流畅，在绘制的时候尽量保持线条的连贯性。可更换不同形状的按摩头。

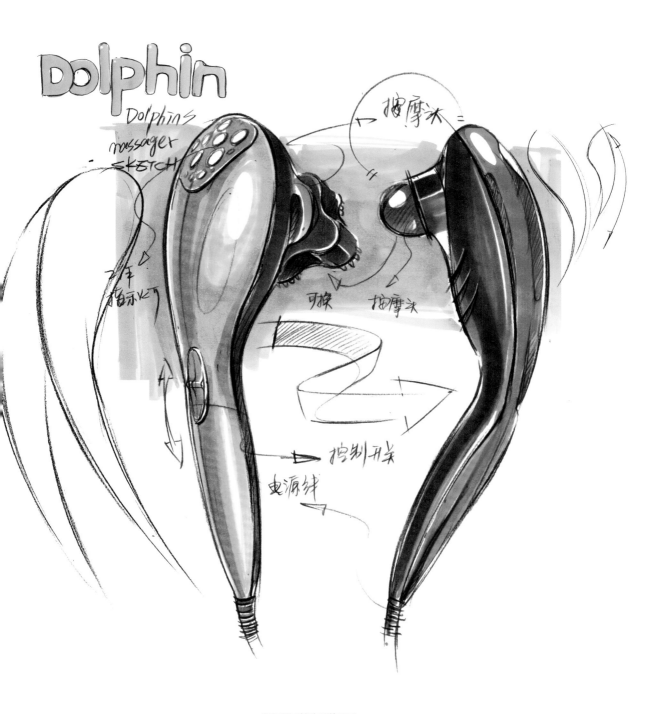

海豚造型按摩器效果图

3.3 造型推敲

3.3.1 PPT 翻页遥控笔设计

下图是 PPT 翻页遥控笔的造型设计手绘图。在造型推敲前首先要了解 PPT 遥控笔的基本特点，然后开始构思产品的基本造型， 可以从使用场景、适用人群等方面去考虑。下面主要是从曲线和圆滑的曲面元素进行推敲。流线型是如今非常流行的一种设计风格，这种形态不但不会影响产品本身的基本功能，还能增加产品造型的美观度。

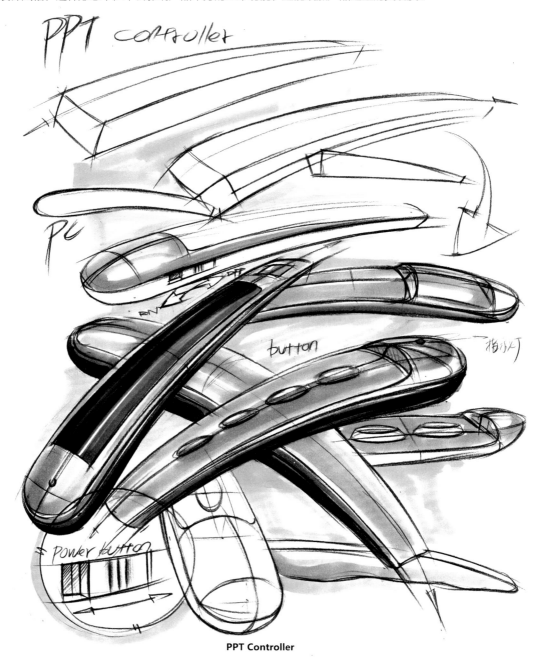

PPT Controller

下图是PPT遥控笔的手绘效果图，右下方是产品的黑白线框图。首先绘制出产品的主要结构和轮廓，接着给产品上色，写上细节注释，进行背景处理，将产品绘制得更加生动逼真。

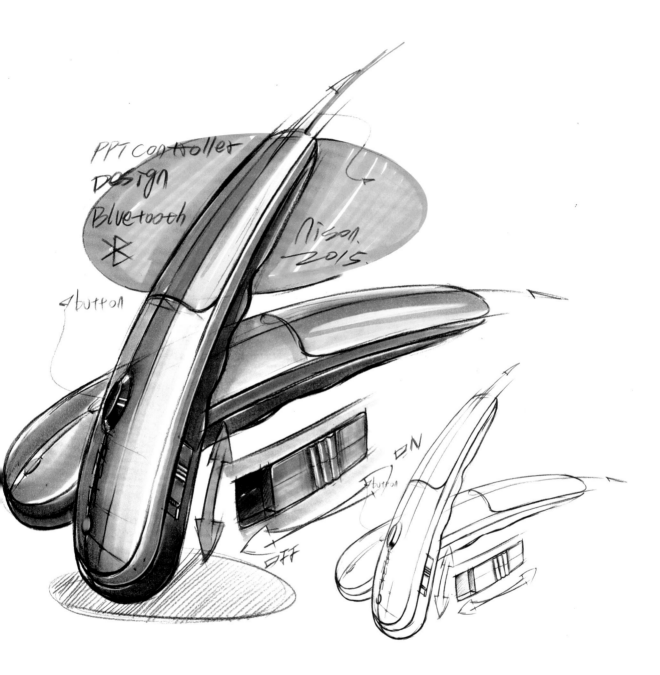

PPT Controller

经过前期的造型推敲，最后的产品定型是流线型轮廓，表面圆滑，握手部分参考毛毛虫的形态特点设计，并进行了凹凸处理，符合人机工程学，增强舒适感。产品主色是灰色，材质为高反光塑料，前部设计了一个半透明的盖子，用于无线USB的连接。整体的造型和颜色简洁、统一。

3.3.2　订书机设计

订书机是常见的办公用品，我们对其结构和功能都比较熟悉。现市面上已经出现了各种形状的订书机，下图是订书机造型推敲草图。

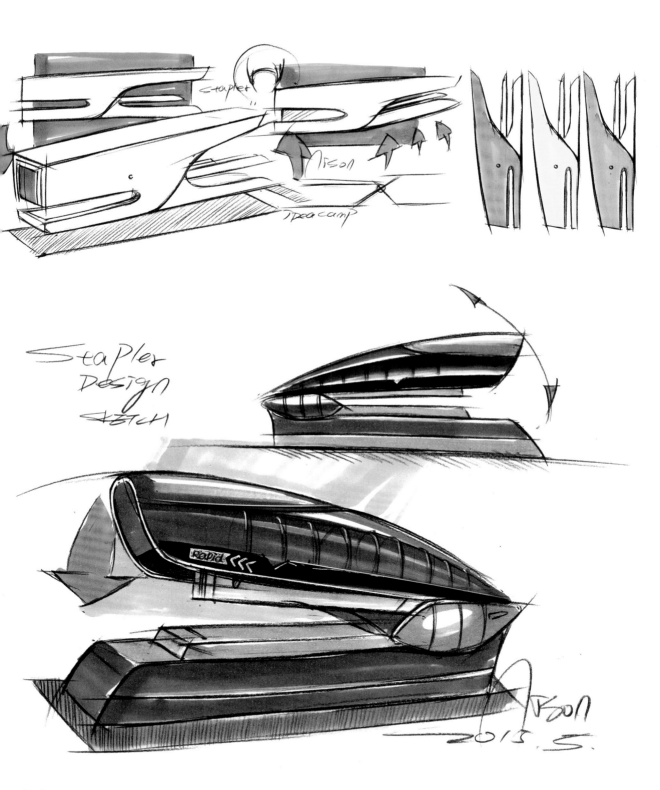

　　经过大量的草图推敲，我们对其中一个方案进行深入。先画出订书机的侧视图，涂上基本颜色，再根据侧视图和草图画出订书机的透视效果图。这款订书机的最大特点是顶部的弧线造型，弧线的弧度是根据手部人机结构设计的，使用者在欣赏的同时还可以拥有良好的使用体验。

3.3.3 电吹风设计

现今社会，人们对自身的形象要求越来越高，电吹风是日常生活中必不可少的工具，电吹风的使用方法非常简单。市面上的电吹风设计风格各式各样，不一样的牌子有不一样的风格，下图是车载电吹风的造型推敲过程。

1 头脑风暴

设计主题是车载电吹风，当确定了设计主题后，开始搜寻相关资料。上图是电吹风的方案草图，认真观察会发现电吹风的造型有汽车线条的元素，飘逸的线条元素拉近了汽车与电吹风之间的距离。

每次头脑风暴的时候都会找准一个设计方向，然后跟着感觉用线条去描绘想要的产品效果，每画一个造型都是在第一个的基础上去完善，尽量去接近理想中最好的那一个方案，前提是自身的手绘功底要跟得上脑海中的想法，否则会影响你最初想要表达的内容，甚至会妨碍你发挥新的创意。

2 车载电吹风

车载电吹风的主要客户群体是自驾游的人群，出游在外，有电吹风在车上会方便很多。右图是一个比较完整的手绘效果图，风筒和把手的绿色部分都采用高反光塑料材质，形状参考汽车两侧曲面。右图主要采用绿色和深灰色，当然颜色可以根据汽车颜色的不同而改变。

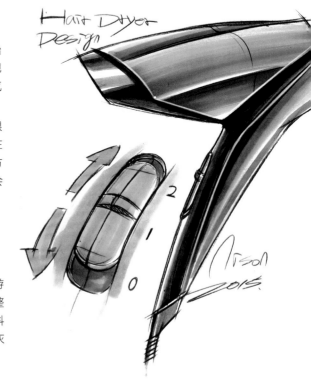

3.3.4 工具刀设计

便携式工具刀是野外生存者的必备工具，除了携带方便，其应用性也非常高。工具刀的造型设计，考虑更多的是把手部分，以下是造型推敲过程的草图。

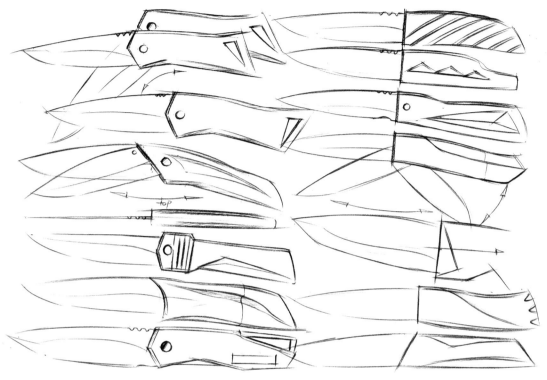

下图是工具刀的最终手绘效果图。造型硬朗，采用金属材质，中间镂空设计，凸显金属切割质感。把手尾部设计成可以悬挂的样式，可以与钥匙扣在一起。

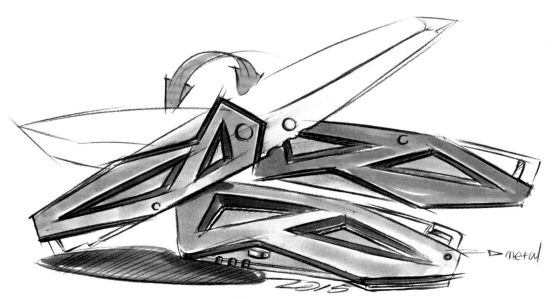

3.3.5　运动鞋设计

设计运动鞋主要是对其侧视图进行设计。在对运动鞋的材料、工艺和脚部的人机数据有基本了解后，设计师对鞋子的外观造型进行推敲。以下是户外运动鞋设计的方案草图。

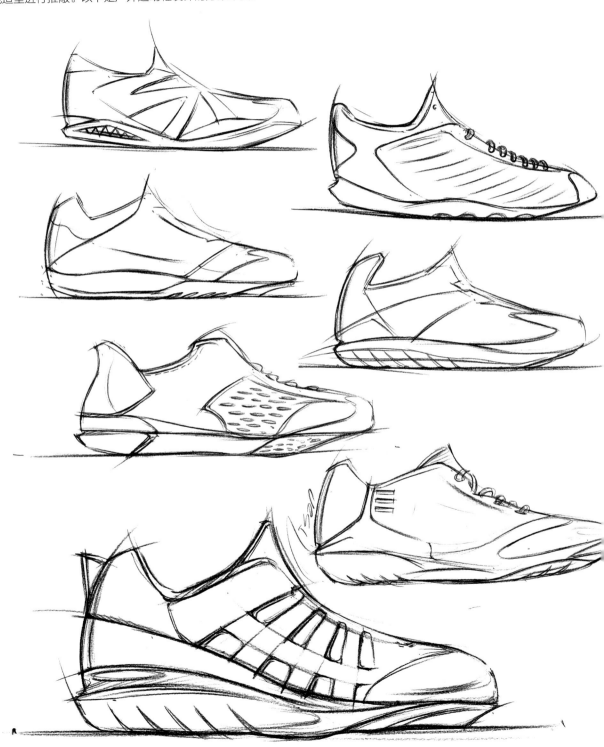

　　经过大量的草图推敲、分析与筛选，设计师选择了其中一个方案进行深入研究。研究过程中要考虑到运动鞋鞋底的形态，不同类型的运动鞋，其鞋底的形状和功能不同。除此之外，我们还要考虑运动鞋形状与人体结构的贴合程度，设计一款既时尚又舒适的运动鞋。上图中运动鞋的鞋面用的是透气度较高的网格状帆布材料，绘制时可使用肌理板涂抹来制造网格效果。

3.3.6 电水壶设计

电水壶是家庭生活中常备的家电产品，在酒店、餐馆、会议室等场所也都会看到电水壶。随着时代的变迁，电水壶的造型与材质都在改善，为了使电水壶能够与现代社会生活更加贴切，在此，我们对电水壶的造型进行了研究与设计。下面是电水壶设计的构思草图与最终效果图。

经过大量的草图推敲，最终得出下面造型。从侧视图可以看出，电水壶顶面呈现倾斜设计，从力学的角度来看，可以让
本验者更轻松地使用。金属与黑色塑料材质搭配，凸显电水壶的品质。

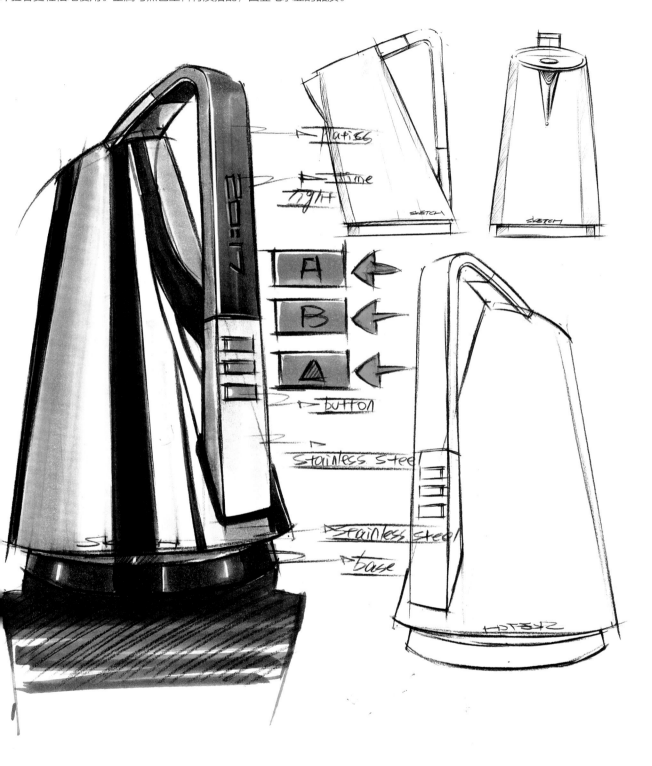

第4章
手绘效果图步骤讲解

为什么要手绘

试想一下，假如你的脑海中突然蹦出了一个新创意，你想记录下来并与他人分享，即使你可以把脑海中的想法描述得妙趣横生，可是你会发现，信息传递的准确率很低，无论你的语言表达能力有多好，你的同伴仍旧把握不到你脑海中准确的想法，唯有手绘这种无声的语言能将其形象地表现出来。

超详细步骤讲解

本章将会展示完整的手绘教程，进行超详细的案例步骤讲解。

数码摄像机

浅灰色的摄像机，看上去造型很简洁，在表现的过程中其实有很多细节需要耐心刻画。首先，铅笔线稿一定要精准和简洁，尽量减少多余的线条，保持画面干净。其次，镜头部分的刻画一定要细心，注意透视关系，马克笔上色时也要注意颜色的选择与变化，尤其是对反光处的处理。

4.1 电动剃须刀设计

轻轻地画出大长线，运笔要轻松，尽量一笔完成，切勿多次来回涂画。

01. 用轻线条将产品的形状快速地勾勒出来，同时注意各线条间的比例关系。

修线条时一定要细心，尽量将几条线修成一条的感觉，画出流畅感。

02. 将线与线之间连接好，把铅笔削尖并处理好转折处。

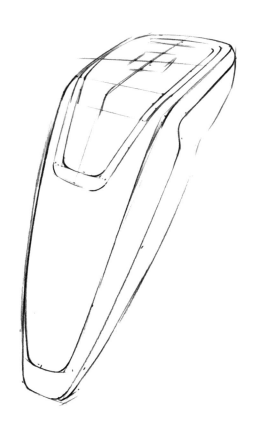

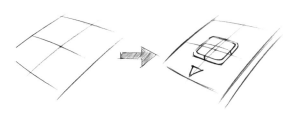

画零部件时应先画出中线，根据透视关系定好大致位置，再根据中线补充形状与细节，这样能避免比例失调的情况。

03. 慢慢地画出产品的整体结构，注意各小部件之间的比例关系。

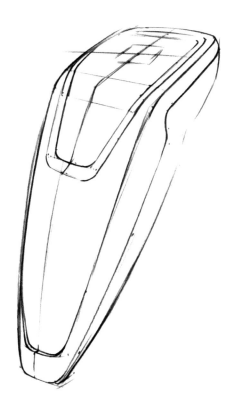

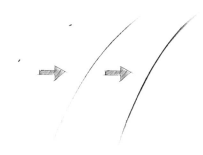

画曲线时要先定点再下笔，加重时尽量与第一条线重合。

04. 强调一下两条线之间的转折处，稍微把线加重一些。

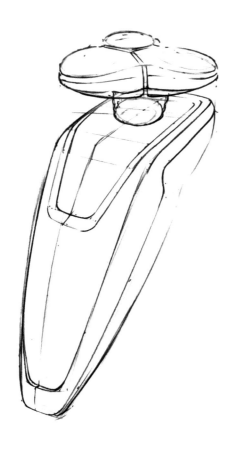

画刀头时，注意透视关系及比例，若把握不准，可以画辅助线。

05. 在中心体上定好点，根据比例画出剃须刀的刀头。

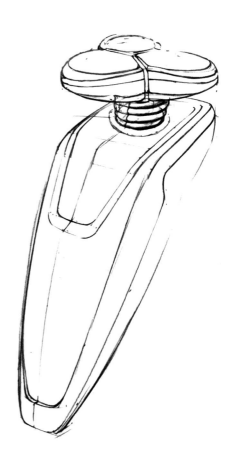

在画软管时注意线条的轻重变化与明暗交界线的处理，使其增加体积感，并处理好结构之间的衔接。

06. 刻画刀头部分，处理好中心体与刀头的连接处。

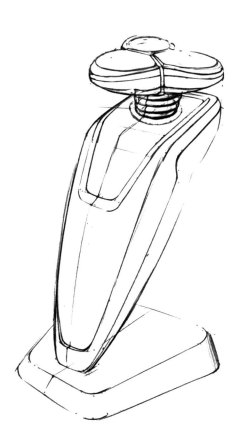

虽然部分底座被剃须刀主体遮挡住，但在绘制的时候我们可以把主体透明化，用想象力补全所缺的线，避免物体透视变形，如下图所示。

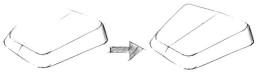

07. 根据剃须刀主体部分的透视关系，用干脆的线条把底座绘制出来。

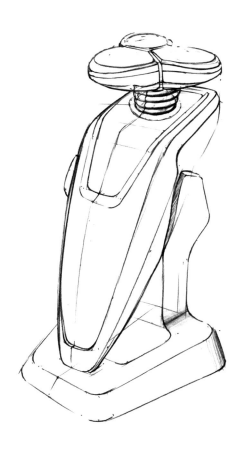

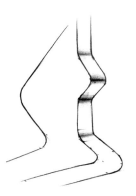

线条尽量干净、流畅，一笔带过。倒角处要用削尖的笔头细致刻画。

08. 刻画底座，处理好转折的地方，线条要清晰。

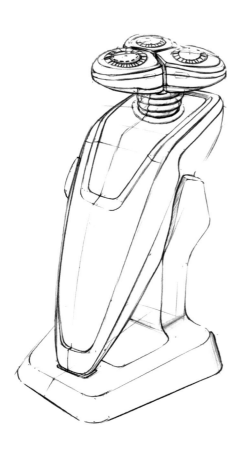

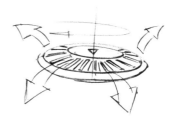

这一步主要是刀头部分的刻画。剃须刀上有三个小刀头，在刻画时需注意它们的透视关系与虚实关系。

09. 定出整体形状后，还需深入刻画刀头部分的细节。

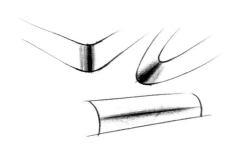

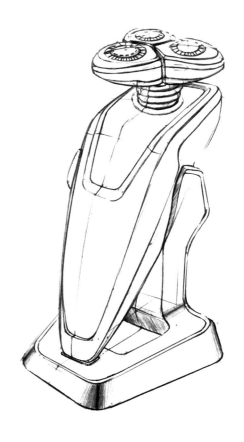

可以用素描铺线的方法来处理转折处微妙的变化，使转折处的立体感更明显。

10. 刻画细节。再次用笔在转折处细致处理明暗交界线，增强产品的体积感。

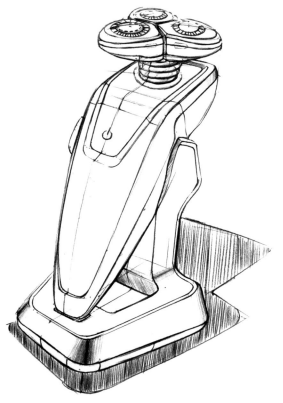

剖面线是能够体现产品结构的线条之一,它可以很好地展现出产品结构的转折。

11. 绘制产品的投影与剖面线,使形态与结构更立体。最后加重轮廓线,使产品更加踏实、平稳。画到这一步,基本完成线稿,可以开始上色了。

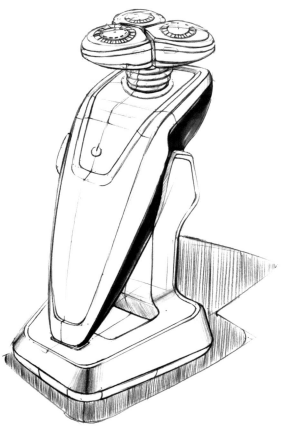

在上色之前,我们要先分析好产品的各部分结构,判断适合横运笔还是竖运笔。

12. 开始进入上色阶段。先从产品暗部开始上色,注意控制笔头大小的变化,运笔要干净、灵活。

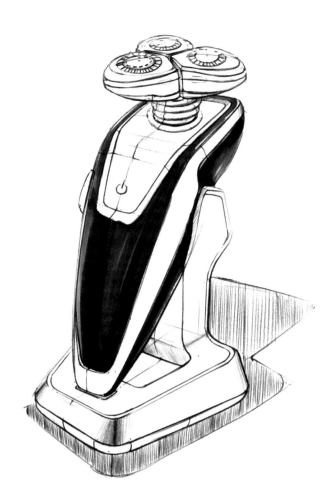

上色时笔的走向要跟着产品的结构、轮廓走，例如剃须刀前部是个曲面，运笔就要呈曲线状。同时还要注意产品表面的光影，加重明暗交界线，区分亮、暗部。

13. 先用深灰色把剃须刀的灰色部分铺上一层颜色，明暗交界线稍微重一些，小心运笔，防止笔触画出界。

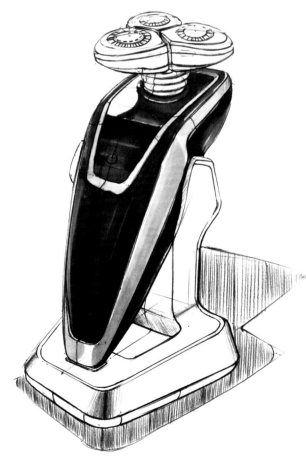

如果马克笔盖住了结构线，整个产品会显得不够硬朗，因此上色后，我们要检查一下是否需要加重产品结构线。下图是加重前与加重后的效果对比。

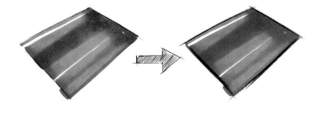

14. 用马克笔上色时，线稿部分会被盖住，可用铅笔修一下产品的结构线和轮廓线。

下图是运笔错误方法和正确方法的效果对比。运笔时中间停顿，会出现深浅不一的色块；从头到尾无停顿运笔，效果自然、流畅。

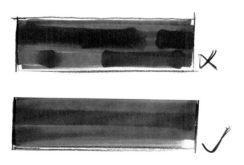

15. 上色时应注意区分灰色的轻重关系。运笔要流畅，切勿中间停顿。

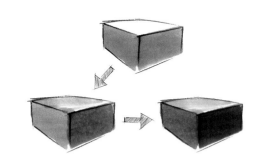

给产品上色的顺序是：先用浅色马克笔上色，再多次覆盖稍暗部分，形成对比，使产品深浅变化丰富，增加其层次感。

16. 给刀头部分上色，注意加重明暗交界线。

无论是什么材质的产品，亮面与暗面的转折处都会有高光产生。在绘制这些结构时，要在转折处适当留白，增加其光感。

17. 为底座也铺上颜色。注意在高光处适当留白，体现产品的光影效果。

注意产品与其投影的颜色对比。若产品整体颜色偏冷色调，投影颜色可以用暖灰色处理，反之，则用冷灰色处理，如下图所示。

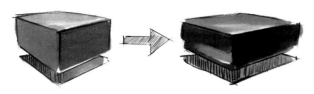

18. 用暖灰色（推荐使用WG4号马克笔）为投影上色，同时加重产品与地面相接触的轮廓线，增加产品的稳定性。

19. 为手绘图进行最后的细节修饰。首先，用黑色铅笔修正产品整体线条，特别是边缘的细小厚度，这些细节是一幅产品手绘图最精彩的地方。其次，给剃须刀加一个背景，注意上色时运笔要轻松，颜色要干净，再用色粉笔在显示屏处稍加涂抹，用高光笔写上Logo或文字，加强标识性。最后，用白色铅笔或高光笔在高光位置点上高光。

4.2 数码摄像机设计

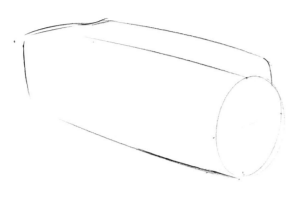

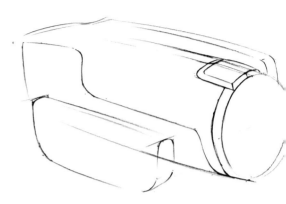

01. 确定好产品的长宽比例，用长线勾勒出摄像机的
轮廓，根据透视关系画出镜头的形状。

02. 调整产品的轮廓线，确定产品的形状，画出机身
的分型线，区分好各部分的结构。

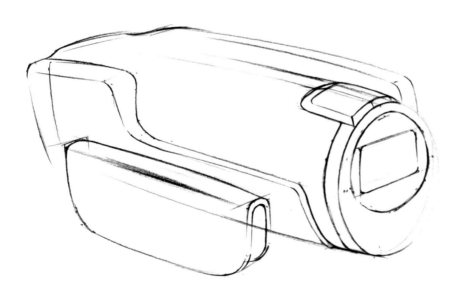

第2步和第3步都是确定产品的形
中第3步主要是刻画结构的小厚度
厚度是体现一个产品细节的重要部
如下图所示。

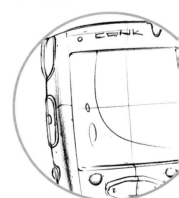

03. 确定轮廓线并加重，为摄像机的把手画出小厚度，绘制出摄像机镜头部分。

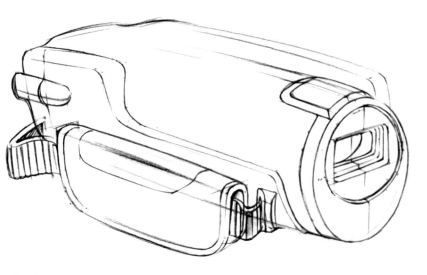

用削尖的铅笔刻画镜头里面的小厚度
画上剖面线，增强镜头的层次感。

04. 进一步刻画镜头部分，处理好镜头里面的层次，画出摄像机的带子。

剖面线可以很好地体现产品的结构转折，
在必要的情况下，它还可以使读者更快
速地了解产品结构。

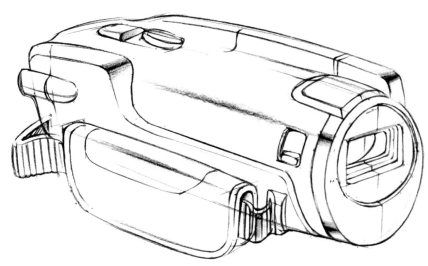

05. 绘制出摄像机顶部的按键等部件，用铅笔在结构转折处画出明暗效果，
使产品的结构更清晰，增强产品的体积感。

在摄像机带的边缘画出针线的缝纫效果，
表现出布料的材质，这些都是细节的一
部分，如下图红色笔所示。

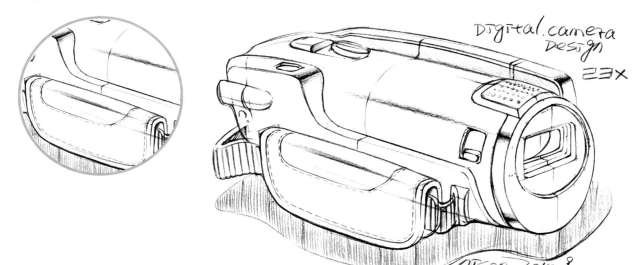

06. 修整一下结构线，画上断面线，使结构更清晰。刻画把手的细节，画上针线
的效果，最后给摄像机画上投影，注意线条要比结构线轻。

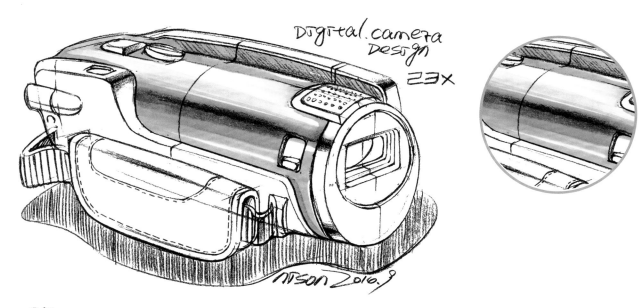

07. 开始进入上色阶段，先用CG3号马克笔轻轻地在顶部扫几笔，注意转折的变
化，亮部适当留白。

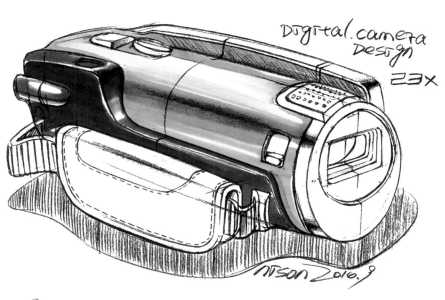

结构转折的地方明暗要区分好，在转折线上的高光边处留白，使光感更强，更加突出产品的体积感。

08. 用更深一点的灰色马克笔为外层塑料也涂上颜色，注意在转折线上的高光边处要留白。

在上颜色时先区分好结构，不同结构上不同的颜色，一部分一部分地涂，但是整体的光影要一致，如下图所示。

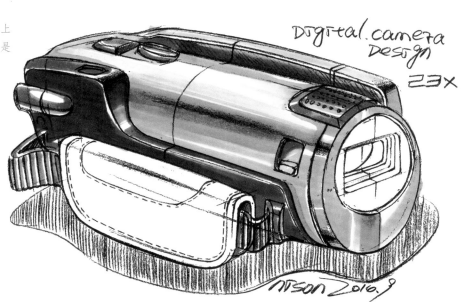

09. 将整个产品都铺上颜色，从上面的步骤可以看出笔者是分部分上色的，这样不会容易乱。

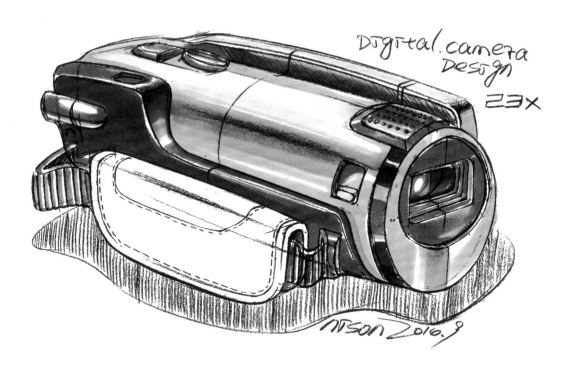

10. 加重暗部和明暗交界线，亮暗部过渡要均匀，接着刻画镜头部分，注意一定要留高光。

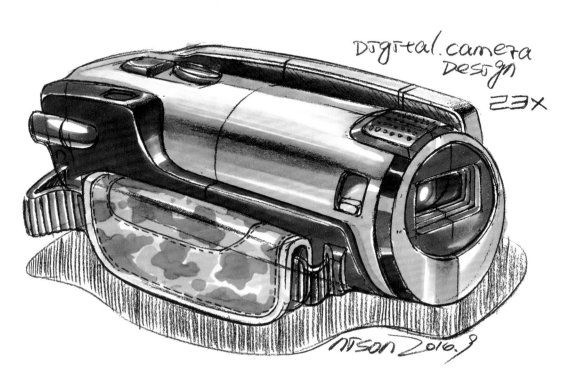

11. 整个摄像机呈深灰色，将摄像机带握手部分涂成迷彩的图案，整张效果图马上生动起来。

摄像机带握手部分采用比较特别的配色，迷彩的摄像机带为摄像机增色不少。

镜头是整个产品最精彩的部分，镜头中的紫蓝色是镜片的环境色。在刻画时还要注意镜头里面的小厚度。

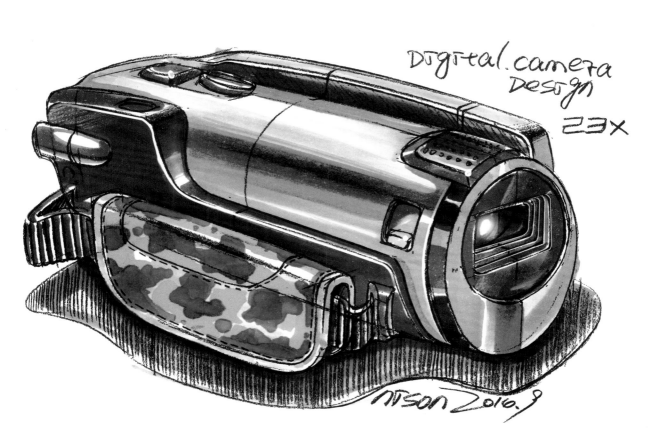

12. 刻画摄像机带部分的细节，注意运笔时的深浅变化。用马克笔再次强调明暗交界线，有些结构线被马克笔涂掉了，再用铅笔刻画上，最后用高光笔在转折边缘处画上高光。

4.3　车载咖啡机设计

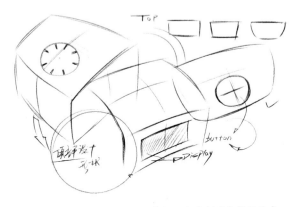

在画设计效果图前，先用简单的线条勾画自己创意构思的线条，然后有目的地将这些线条运用到效果图中。

01.　迅速地把咖啡机的造型勾画出来，一开始线条不需要画得很重，轮廓线一定要轻松流畅，准确到位，切勿重复描线。

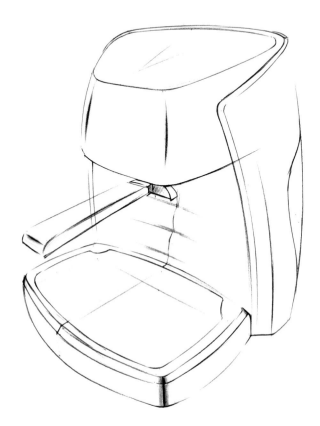

02.　调整产品的造型，确定了的线条就用铅笔加重，注意线与线之间的轻重区分，处理好转折的地方。

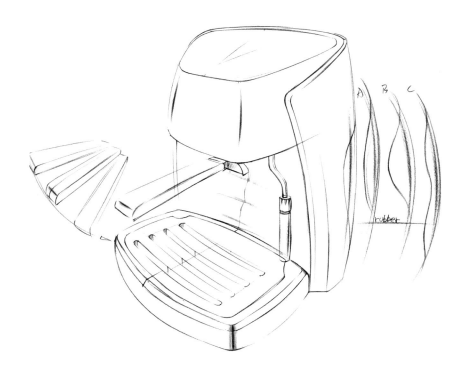

03. 将线条加重之后，刻画咖啡机的底盘与背后的盖子，下笔要肯定，用硬朗的线条突出底盘的金属材质，注意大小比例。

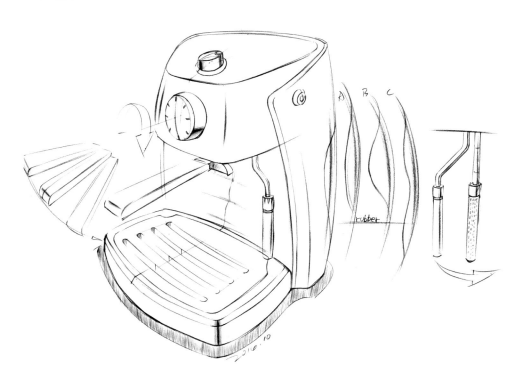

04. 慢慢地完善咖啡机的线稿，这一步主要是刻画产品的开关与旋钮，刻画旋钮时要注意透视关系。

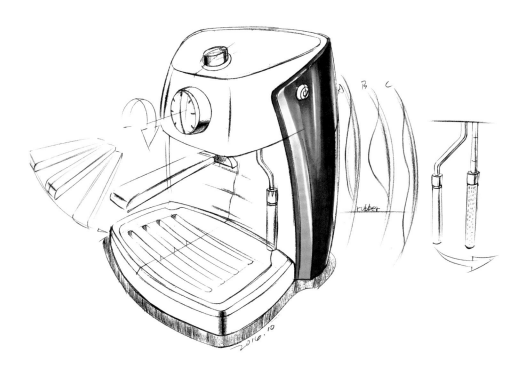

05. 开始进入上色阶段，这张线稿是复印稿，原因是怕马克笔上色时会把铅笔涂掉，而且铅笔融化会使画面变得很脏。

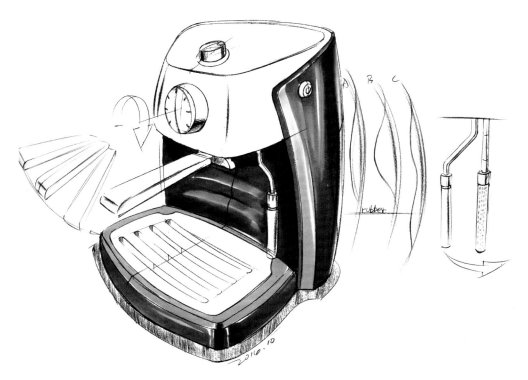

06. 用马克笔先为产品的暗部铺上颜色，上颜色时需要灵活运笔，笔触要有自然的变化，区分好亮暗面。

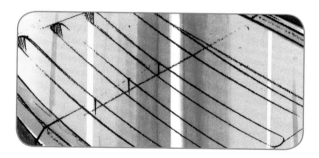

咖啡机的底座托盘，此处的上色方法可以用镜面反光来处理，中间重两边虚化过渡，适当留白，注意笔触要快一点，锋利一点。

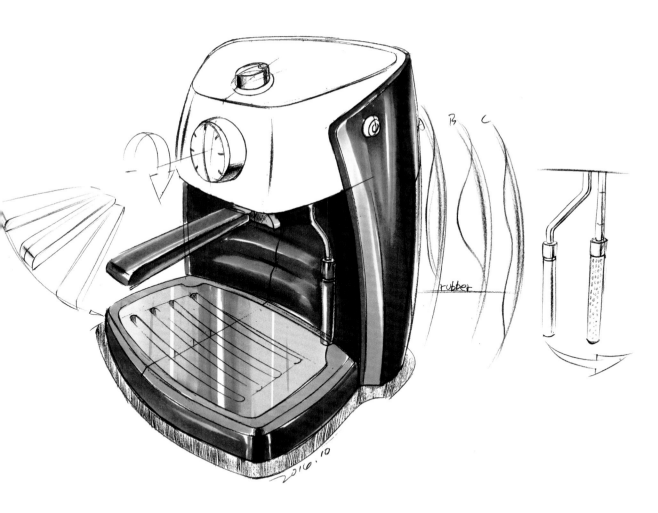

07. 给咖啡机的暗部上完色后，给咖啡机的底盘上面铺上颜色，要表现不锈钢材质，注意反光效果的表现。

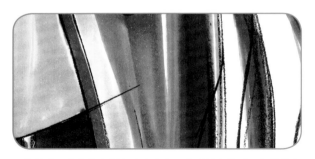

即使是暗面的结构也要有过渡变化，甚至留白处理，但是要注意与亮面的对比，否则会出现光影不明确的情况。

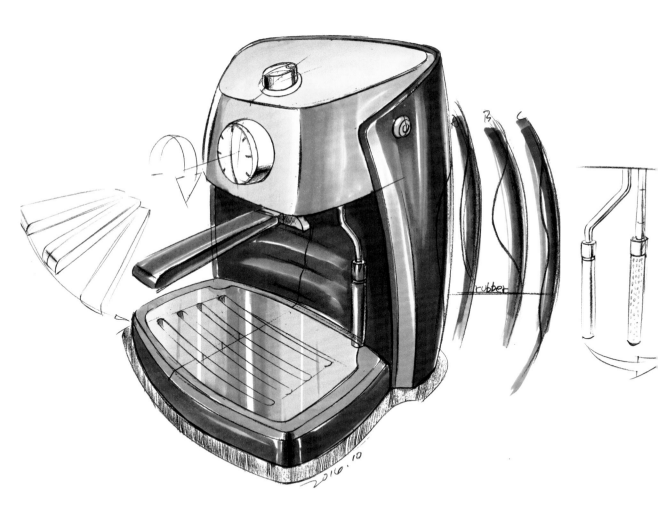

08. 给咖啡机的顶部铺上颜色，顶部是亮面，所以上色时也要控制好运笔的速度，根据马克笔的属性，同一支笔，上色速度的快慢直接影响颜色的深浅。

产品上面的细节部分可以放在后面刻画，先用马克笔整体概括
大面，然后再用铅笔画出细节并上色，这样可以避免铺大面时
笔触不连贯。

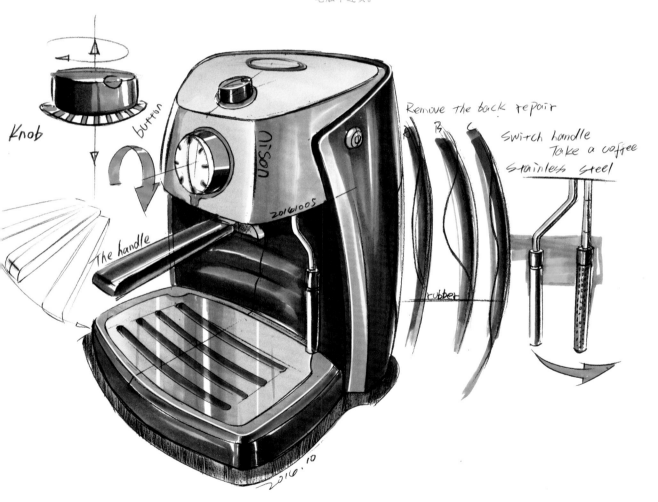

09. 刻画产品的细节，用橙色和灰色的马克笔刻画咖啡机的旋钮，把手开关的地方再用马克笔去强调一下不
锈钢的质感，在一些局部细节处写上文字说明，最后用高光笔提亮转折的地方点上高光。

4.4 付款扫码机设计

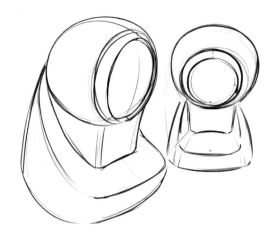

01. 用轻松的线条画出大致形体，先忽略细节，线条不着急画太重。

02. 根据比例再画出另一个角度，并加重结构线。

产品中的结构是一个圆球体的形状，所以在理解光影的时候要懂得概括，别被上面的小细节干扰，要统一概括才能更完整。

03. 基本形体确定了就可以开始用马克笔上色，先用270号马克笔铺个底色，注意光源方向和运笔方向。

04. 用271号马克笔加重一下明暗交界线，注意运笔速度不要太慢。

05. 把其他体面也铺上颜色，加重明暗交界线，注意好过渡自然和亮面留白。

在马克笔铺色的过程中，要适当地留白过渡来体现光感，巧妙地利用结构之间的遮挡来体现，如左图所示。

06. 基本明暗出来后可以刻画一下扫描镜头的细节，用26号马克笔表现出镜头的不同材质。

箭头的使用可以给画面增添活力，但也要看画面具体情况。可以用鲜艳一点的颜色点缀一下，有时候还可以代替文字说明结构信息。

07. 利用小箭头表示一下扫描机的结构活动指示，不同的颜色对比可以丰富画面，最后用白色铅笔刻画一下高光处。

4.5 手持吸尘器设计

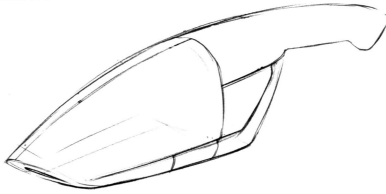

01. 吸尘器拥有流畅的弧线条，在起形时应注意线条的连贯性。

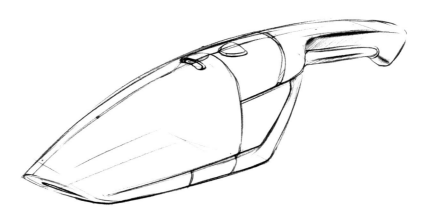

02. 对吸尘器的造型进行修整，再次加重轮廓线。

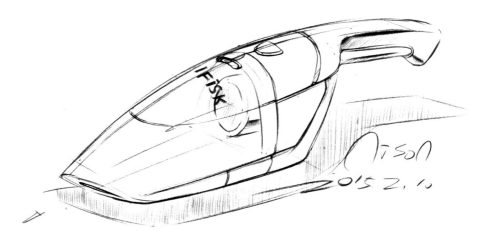

03. 将结构线清晰地绘制出来，尽量减少多余线条的存在，并为产品绘制出投影。

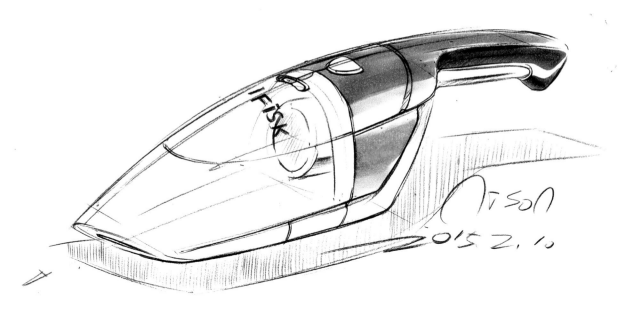

04. 将吸尘器后半部分铺上颜色。线条简洁有利于马克笔上色，可以避免画面的脏乱。

05. 加强灰色部分的明暗对比，突出曲面的特征。用马克笔给吸尘器内部的结构大致上色。

06. 吸尘器前盖是透明材质，用蓝灰色马克笔根据光影方向铺上颜色。

07. 处理透明前盖与内部结构的关系，强调阴影位置，增强材质的透明程度。

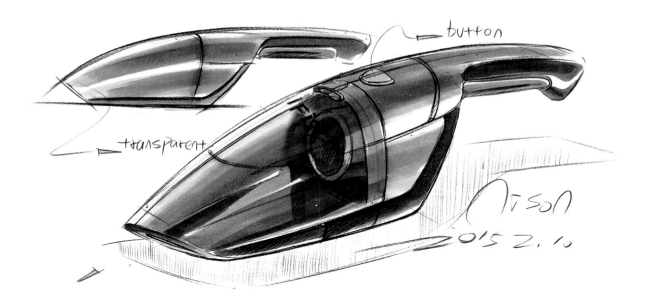

08. 分别用蓝色和黄色马克笔为透明材质加点环境色，运笔要快，画出干净透明的感觉。

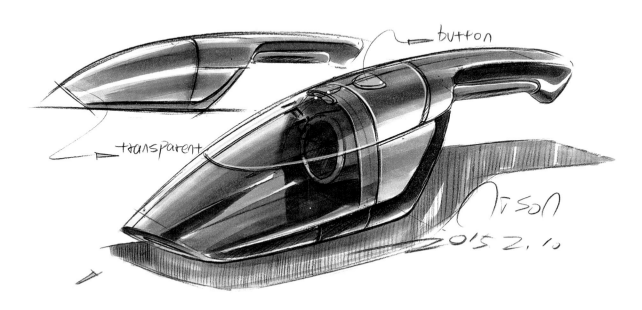

09. 为产品的阴影部分也铺上颜色，注意适当留白。最后，用高光笔画出结构转折位置上的高光。

4.6　运动头盔设计

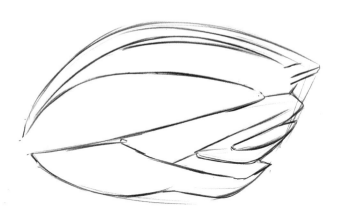 

01. 先画出头盔的大致轮廓，调整好比例，再刻画里面的
结构。

02. 先画大结构再画小结构，处理好结构线之间的衔接

03. 线稿出来后就可以开始上色，先从暗部开始，因为结构有点多，所以要特别注意对整体的概括，否则整体的明暗关系容
易乱。

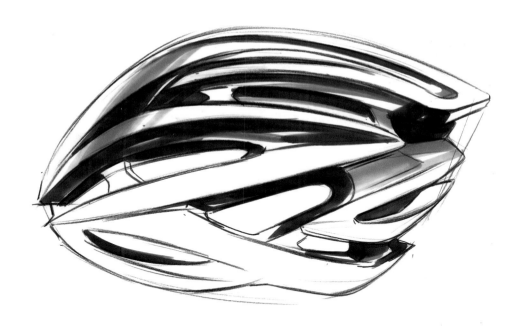

04. 用浅灰色马克笔在明暗交界线处铺上颜色，先不着急把颜色画太重，亮面先留白，注意笔触的连贯。

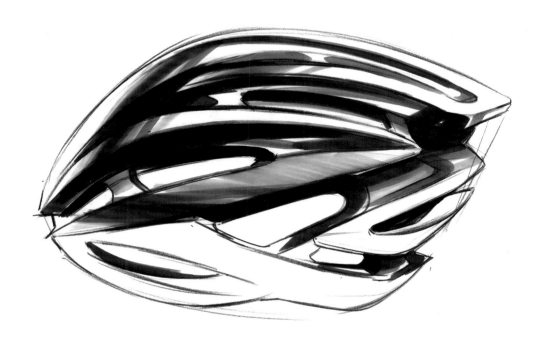

05. 进一步给形体铺上颜色，注意颜色的深浅过渡，为了防止马克笔颜色渗透蔓延，运笔速度可以快一些。

头盔的整个形体犹如一个球体，所以可以按照球体的特点来处理明暗关系，先忽略细节，确定明暗交界线后再丰富上面的小结构，边缘留白处理。

很多时候用马克笔画型面转折的边缘很容易画得很锋利，一般来说，产品的边缘都是有一定大小的圆角的，所以在处理边缘时要注意用小笔头过渡一下，或者后期用白色铅笔刻画一下。

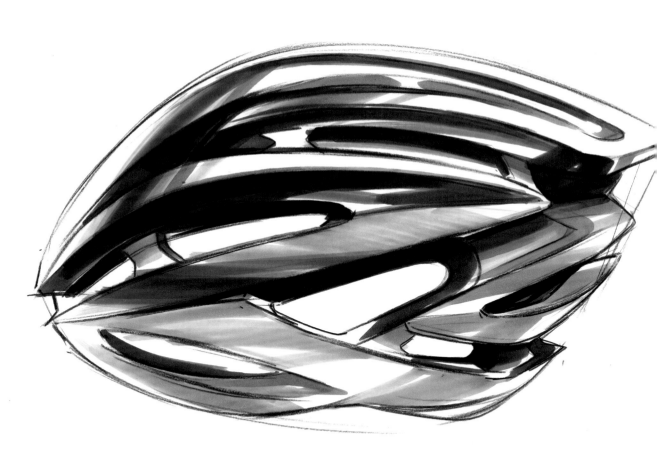

06. 用26号马克笔给不同材质铺上颜色，注意要与灰色结构的光影统一。

产品的边缘虚化处理，此处是头盔的调节带结构，在表达时可以虚化处理，把视觉中心保持在头盔的型面结构上。

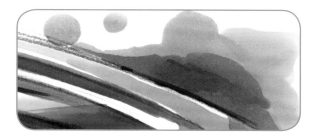

背景的氛围处理，除了画规矩的几何形当背景之外，还可以用马克笔画出水彩的随性自然感觉，没有明显的笔触，快速地打转笔头。

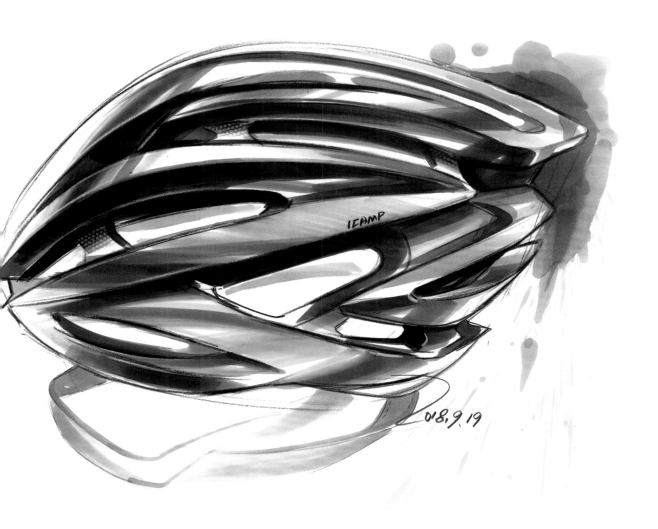

07. 再一次加重明暗交界线，最后修一下细节，用白色铅笔画上高光，用随意的笔触给产品画上背景，增强画面效果。

4.7 电动锯子设计

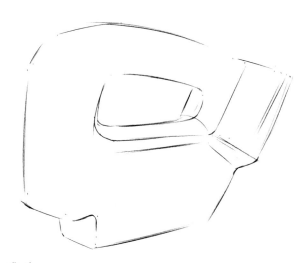

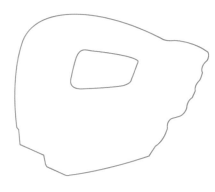

01. 先用轻松的线条画出产品的外轮廓线，为了后面容易修改，线条不需要画得太重。

先将产品的轮廓线画出来，初步画出产品的形状，制好大小比例。

产品的轮廓线确定之后，用定点的方法画出内部的结构，如下图所示。

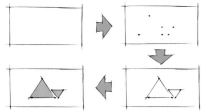

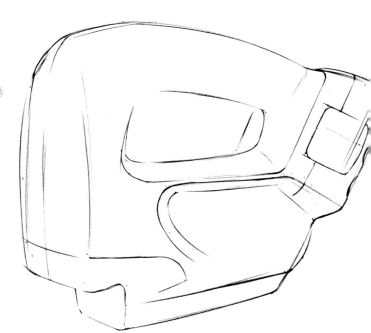

02. 调整轮廓线，在轮廓线里面画出比较大的结构线。为了避免比例错误，画结构线时最好先定点，再画线。

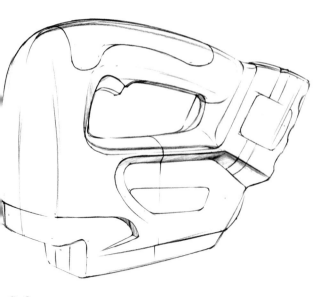

在产品手绘中也会出现很多种线型：轮廓线、结构线、分型线、剖面线等。在绘制时注意线与线的区分，分型线是两个部件的分割线，如下图红色线所示。

03. 进一步调整外形，把确定的线条加重，画出产品的分型线，注意轮廓线与分型线的区分。

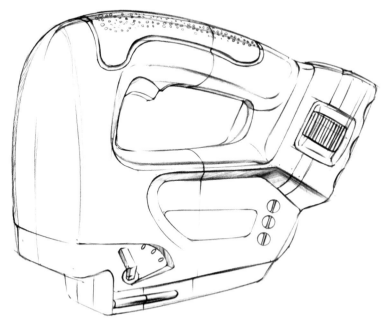

在刻画按钮时注意按钮的形状，如果一个版面有多个按钮的话，注意它们之间的透视关系，画出按钮的小厚度，区分出按钮与主体的关系。

04. 刻画产品按钮等细节部分，绘制顶部把手上的橡胶纹理，加上产品整体断面线，使产品的结构更清晰。

从这个视角看，底座被主体物挡住了大部分，这种情况下不需要过多地刻画底座，只需用简洁的线条概括。

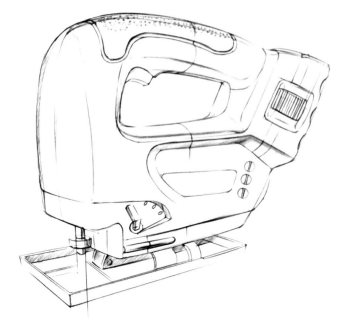

05. 整体造型确定后，再画出底座，注意小厚度的刻画。

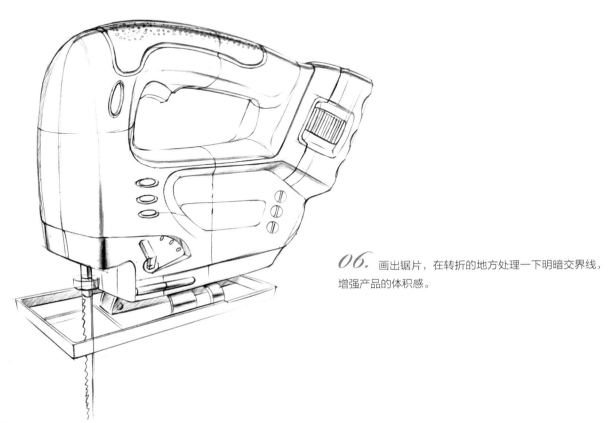

06. 画出锯片，在转折的地方处理一下明暗交界线，增强产品的体积感。

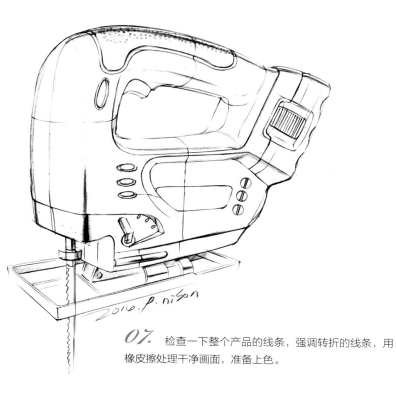

在转折的地方需要特别加重，让结构更清晰，更硬朗，如下图红色部分所示。

07. 检查一下整个产品的线条，强调转折的线条，用橡皮擦处理干净画面，准备上色。

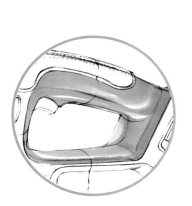

用马克笔上色时要注意，为了保持流畅，用笔尽量从头到尾不能断，用笔快慢与轻重直接影响上色效果的好坏。

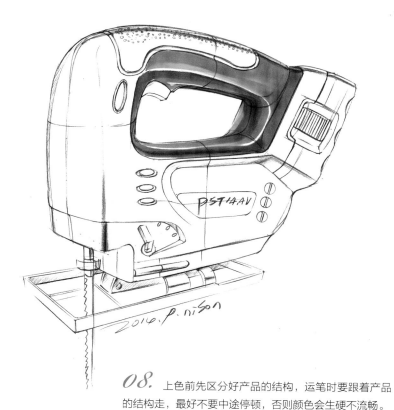

08. 上色前先区分好产品的结构，运笔时要跟着产品的结构走，最好不要中途停顿，否则颜色会生硬不流畅。

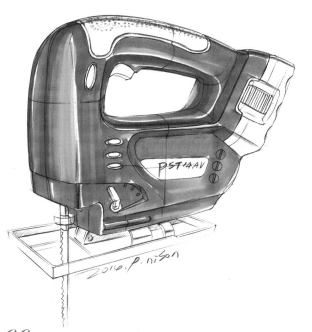

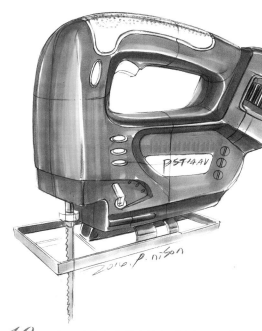

09. 整体先铺一层颜色，跟着产品的结构运笔，不能中间停顿，在转折的地方适当留白。

10. 用深一点的绿色马克笔加重暗部，区分一下亮部与暗部，增强产品的光感与体积感。

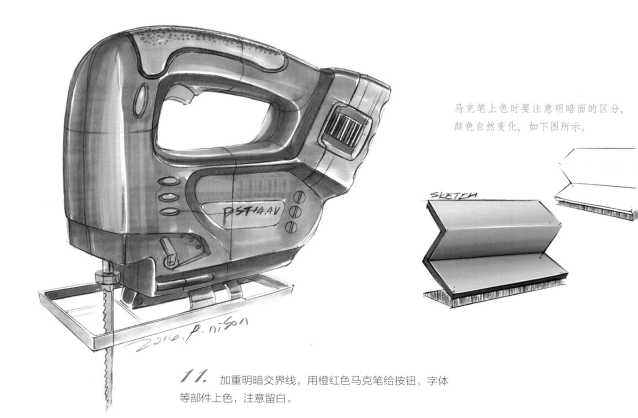

马克笔上色时要注意明暗面的区分，颜色自然变化，如下图所示。

11. 加重明暗交界线，用橙红色马克笔给按钮、字体等部件上色，注意留白。

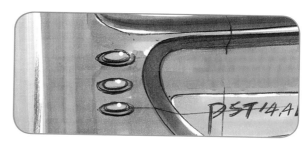

绿色算是比较难控制的一种颜色，很容易画脏，特别要注意笔触的连贯性，还有深浅的对比要用对颜色，适当的时候可以用冷灰色加重明暗交界线。

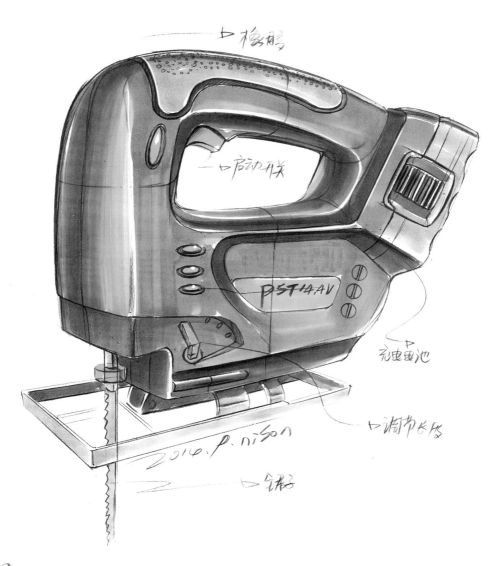

12. 用马克笔加重暗部，加强明暗对比，运笔要轻松自然，使整张效果图更加生动、丰富。最后用高光笔为产品加上高光。

4.8 电动曲线锯设计

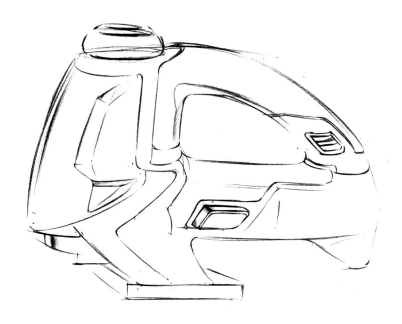

01. 快速将产品的轮廓画出来，定点画线，注意产品的结构比例，尽量减少多余的线条。

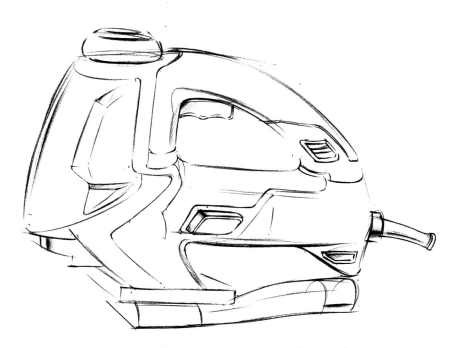

02. 检查产品的整体造型，在上一步的基础上调整，线条与线条之间要连接好。

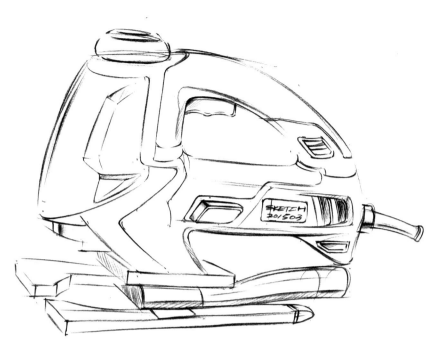

03. 调整好造型之后，加重轮廓线、结构线、分型线等，结构线一定要清晰，使整个产品的结构硬朗起来。

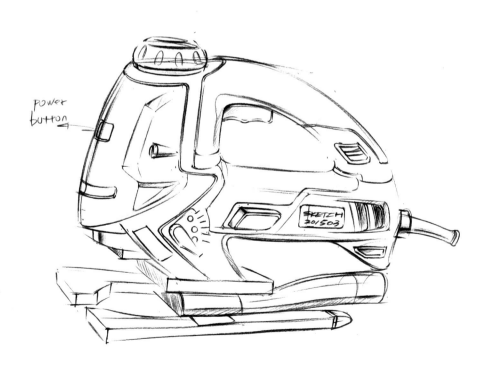

04. 进入细节刻画阶段，将产品上的小部件都绘制出来，刻画细节一定要有耐心，把笔削尖，细心地刻画好。

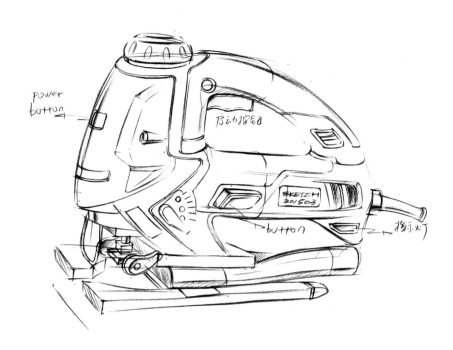

05. 将产品的线条整体修一遍，不够重的线条要加重，在弧面的地方用铅笔适当处理一下明暗交界线，增强产品的体积感。

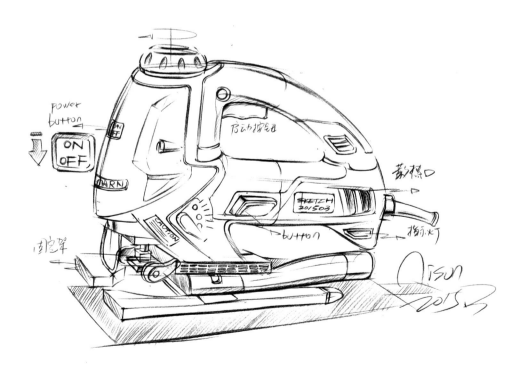

06. 细心刻画好产品上比较小的厚度，标注产品结构，给产品加上投影，最后写上日期和名字，完成线稿绘制。

马克笔铺色的时候尽量铺完一个再铺一个，但是整体的光影是一体的，转折的高光一定要留白。

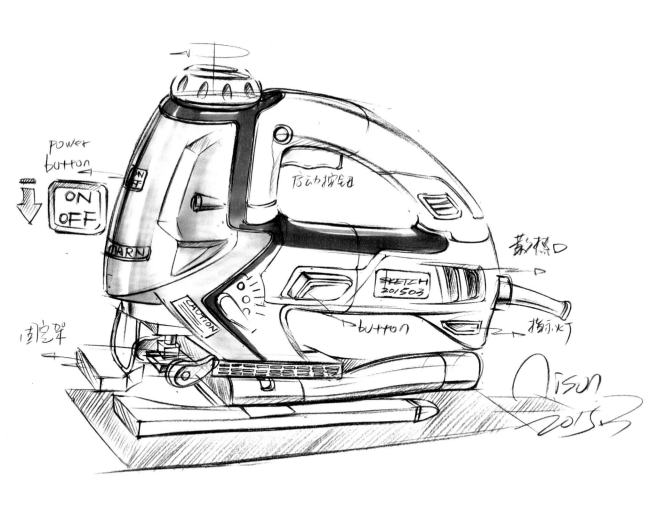

07. 进入马克笔上色阶段，首先确定好产品的配色，找到对应的马克笔开始涂色，要控制好笔头。

不管是何种材质，明暗关系还是以形体特征为准，以下图为例，
黑色塑胶材质，但是第一遍颜色先用中间色去定出明暗位置，
然后再用更浅色的和更深色的笔过渡。

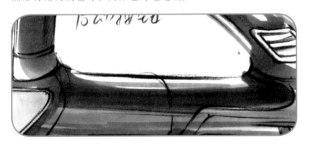

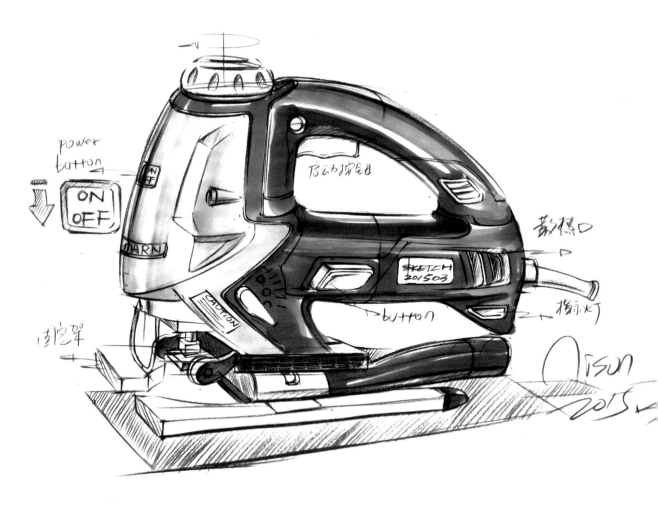

08. 马克笔上色要区分好结构，按部分上色。继续将深灰色的位置涂完，在转折处控制好深浅，适当在高光
的地方留白。

在第一遍的颜色基础上加重明暗交界线，注意越重的颜色面积就越小，与第一遍颜色的过渡对比，体现颜色的层次感。

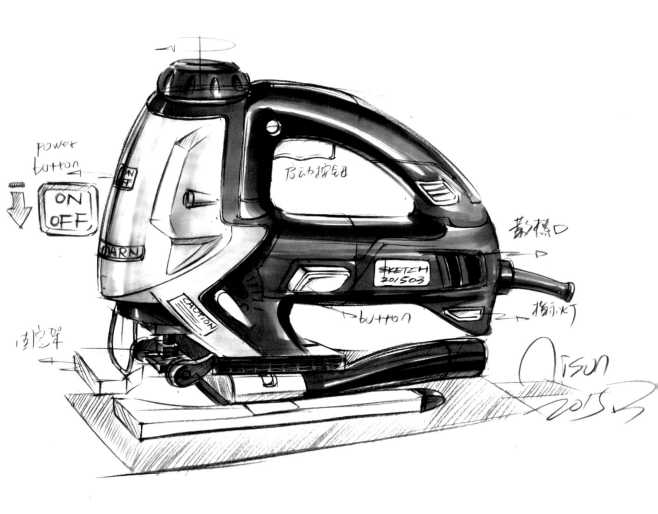

09. 在上一步的基础上加强亮部与暗部的对比，使结构转折更加明显。使用同一支马克笔时，快速运笔和慢速运笔是有一定的深浅区别的，了解马克笔的特性也是有必要的。

遇到有些结构比较复杂的时候，不要敷衍了事，还是要注意
透视关系和厚度的刻画，让整体效果看起来更加细腻。

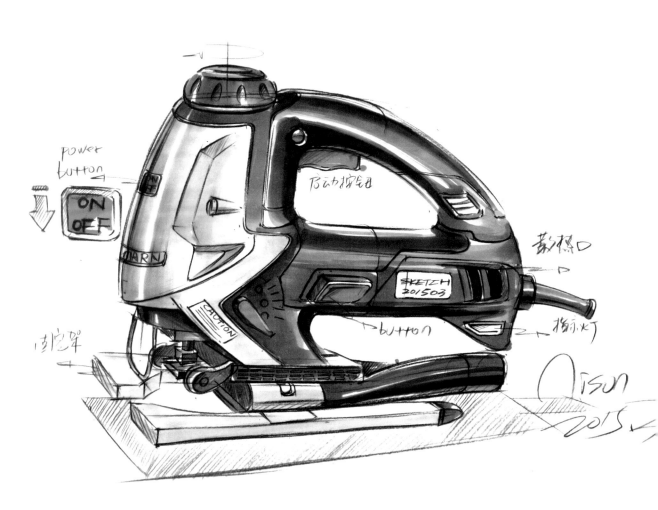

10. 用红色马克笔为几个按钮涂上颜色，按钮比较小可以使用马克笔的小笔头，区分好明暗面，突出小按钮
的立体感。

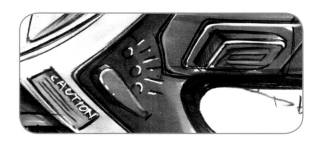

当整体的颜色基本铺完后，可以适当刻画一下细节，让整体
效果看起来更加写实，刻画细节时注意线条不要太粗太重。

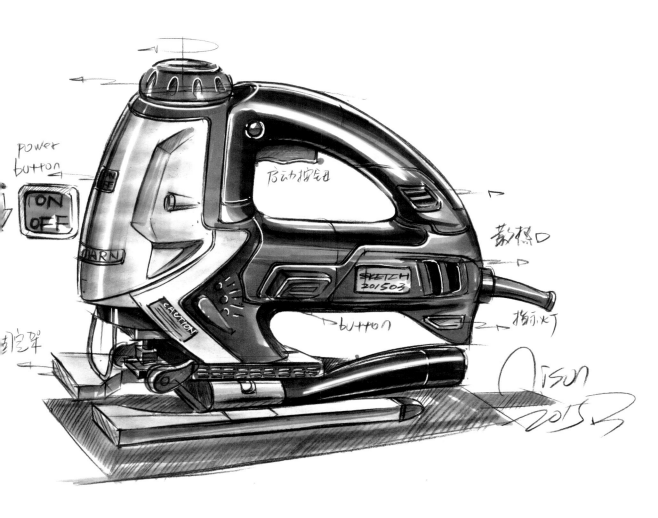

11. 适当加强明暗对比，增强产品的光感与体积感，有些结构疏密不均，要结合运用马克笔的大小笔头。最
后用白色铅笔和高光笔在结构转折处画出高光。

4.9 电动剪草机设计

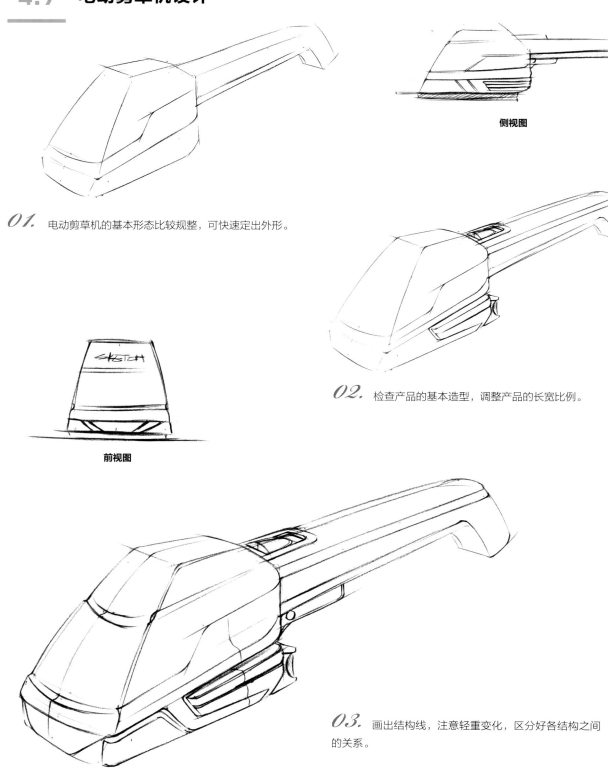

01. 电动剪草机的基本形态比较规整，可快速定出外形。

侧视图

前视图

02. 检查产品的基本造型，调整产品的长宽比例。

03. 画出结构线，注意轻重变化，区分好各结构之间的关系。

在绘制结构比较丰富的产品时，要注意表达清楚它们之间的关系。在有许多厚度的部分，浓密的线条之间容易混淆，应用剖面线表现其真实结构，如下图所示。

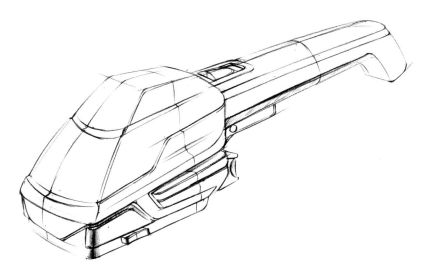

04. 进一步处理产品的结构线，整体检查一下线条的虚实。画上结构的剖面线，增强产品的体积感。

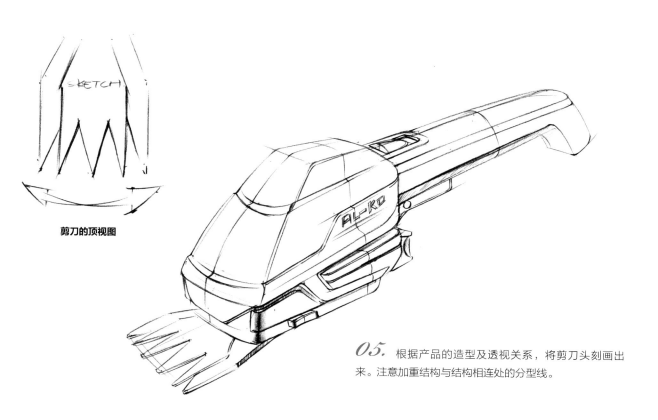

剪刀的顶视图

05. 根据产品的造型及透视关系，将剪刀头刻画出来。注意加重结构与结构相连处的分型线。

在画产品效果图前，我们有必要先了解产品的结构，这样才能自如地画出不同视角的产品图。下图是电动剪草机的机舱拆分图。

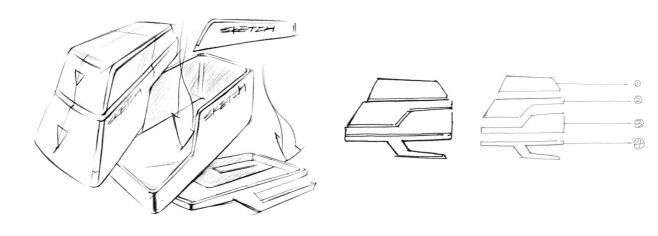

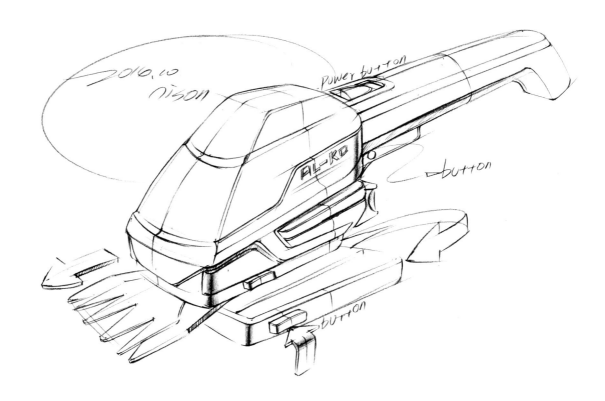

06. 画上剪草机的底盘，用箭头和文字注释零部件的结构名称和使用方式，线稿基本完成。

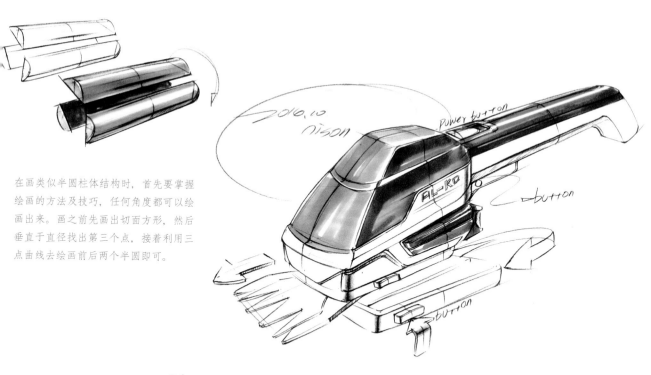

在画类似半圆柱体结构时，首先要掌握绘画的方法及技巧，任何角度都可以绘画出来。画之前先画出切面方形，然后垂直于直径找出第三个点，接着利用三点曲线去绘画前后两个半圆即可。

07. 用CG3号马克笔先将产品的顶部及侧面铺上颜色，控制好运笔的速度。在用马克笔上色时注意笔头不要在纸面停留太久，否则马克笔会蔓延纸面，出现一块块的颜色，效果将惨不忍睹。

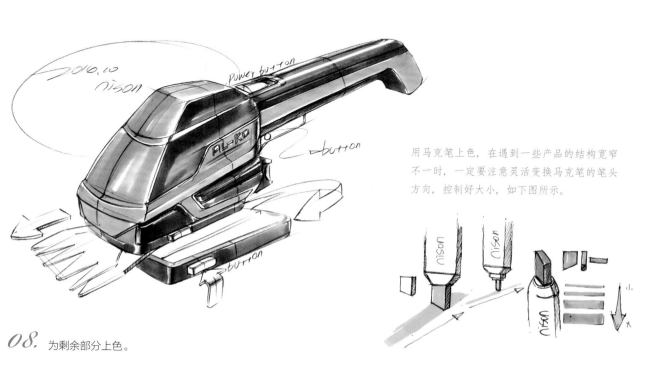

用马克笔上色，在遇到一些产品的结构宽窄不一时，一定要注意灵活变换马克笔的笔头方向，控制好大小，如下图所示。

08. 为剩余部分上色。

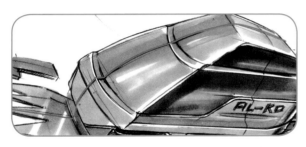

当结构层次比较丰富时，可以画些截面线表现一下结构的转
折，让结构更清晰，注意截面线不要太重。

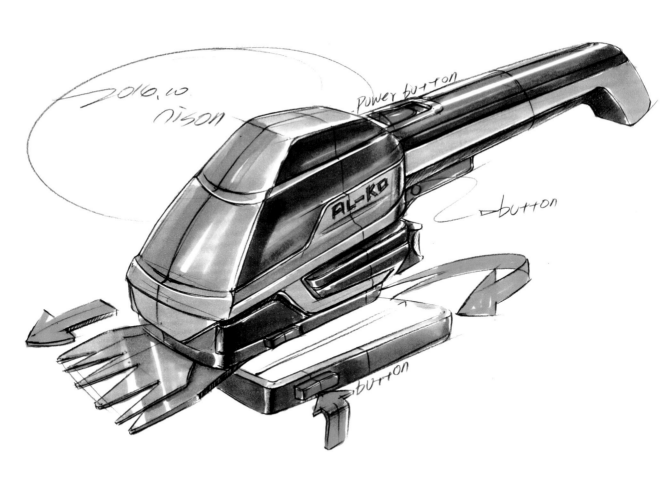

09. 剪刀部分可以竖着上色，注意留点高光，增强光感。用CG系列和BG系列马克笔加重暗部，目的是加强
产品的体积感。

对形体暗面的表现也是需要有变化的，颜色最重的地方是转折的地方，然后慢慢向下面过渡。

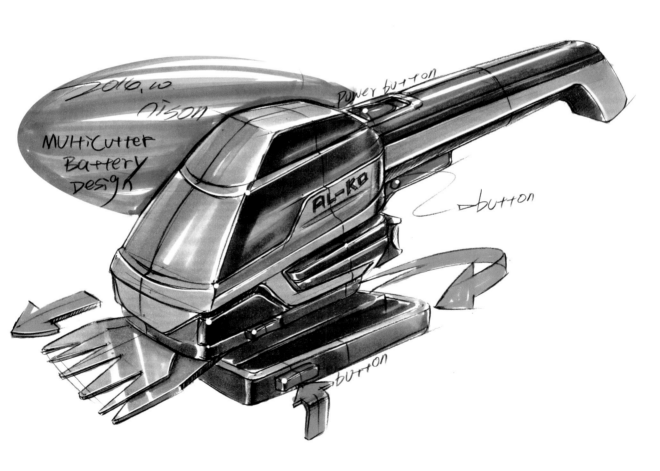

10. 马克笔上色完成后，用铅笔加重处理一下被马克笔盖掉的结构线，在产品后面加个背景，这样会使产品更加突出，画面的空间感会加强。最后用高光笔点出高光，效果图基本完成。

4.10 游戏手柄设计

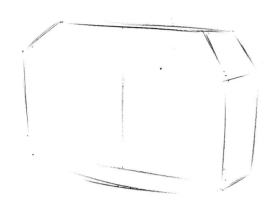

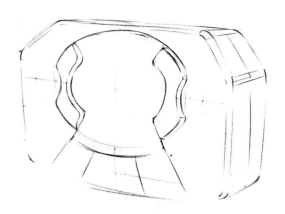

01. 使用流畅的线条将产品的轮廓勾勒出来，注意使用中间重两头轻的线条，塑造性比较强，线与线之间的连接会自然些。

02. 在轮廓线的基础上修改外形并且加重线条，提高产品形状的准确性。

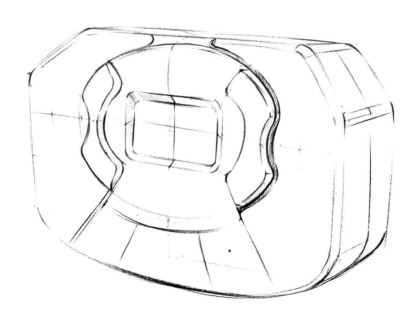

03. 造型定出来后，刻画产品里面的按键及显示屏等细节，在刻画细节前先画辅助线（中线），有助于提高比例的准确性。

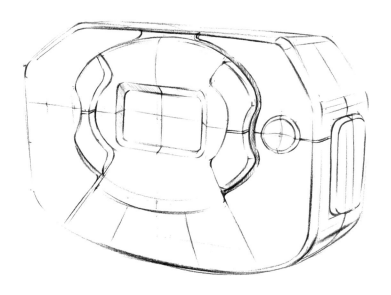

04. 根据产品的比例将按键刻画好，注意按键的厚度。在画按键时注意线条的轻重之分。

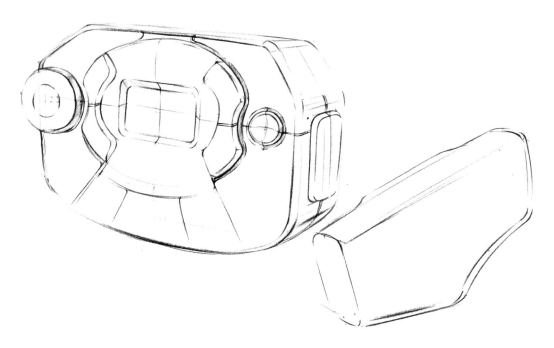

05. 初步画出产品的按键后，快速把另一个产品勾勒出来。显然，在画中可以看出线条越来越成熟。

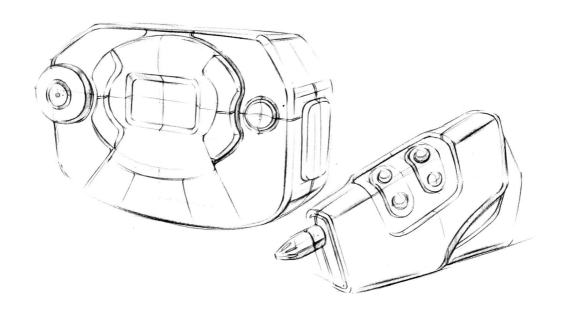

06. 将右边产品的按键也刻画出来，画好基本的细节之后，画出产品的分型线，增强产品的体积感。

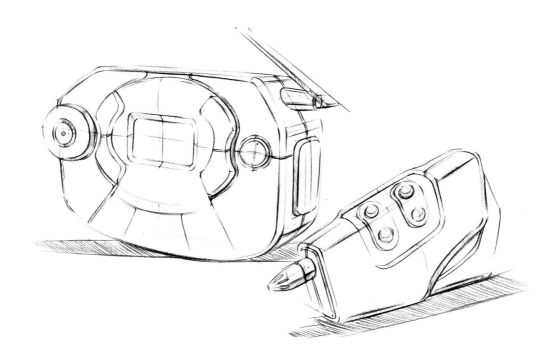

07. 画出产品的信号天线，注意光影方向要一致。给产品加上投影，增强产品在画面上的稳定性。

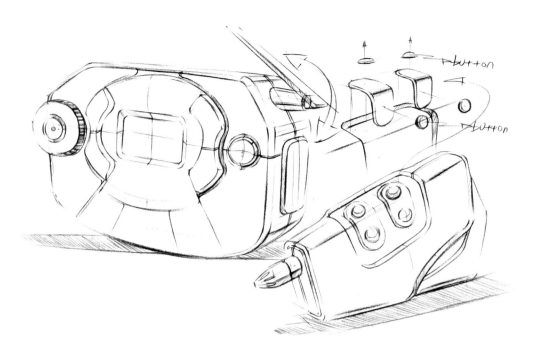

08. 为了让读者看得更清楚，将右边产品的操控部分"炸开"，画出"爆炸图"。

09. 刻画产品上面的按钮细节，区分好虚实。利用文字和箭头注释产品的结构。

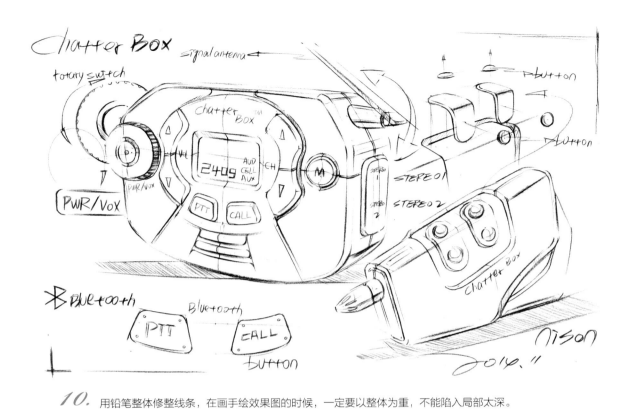

10. 用铅笔整体修整线条，在画手绘效果图的时候，一定要以整体为重，不能陷入局部太深。

11. 进入马克笔上色阶段，注意产品的分型线前后是不同颜色的，快速铺上产品分型线前面部分的颜色。

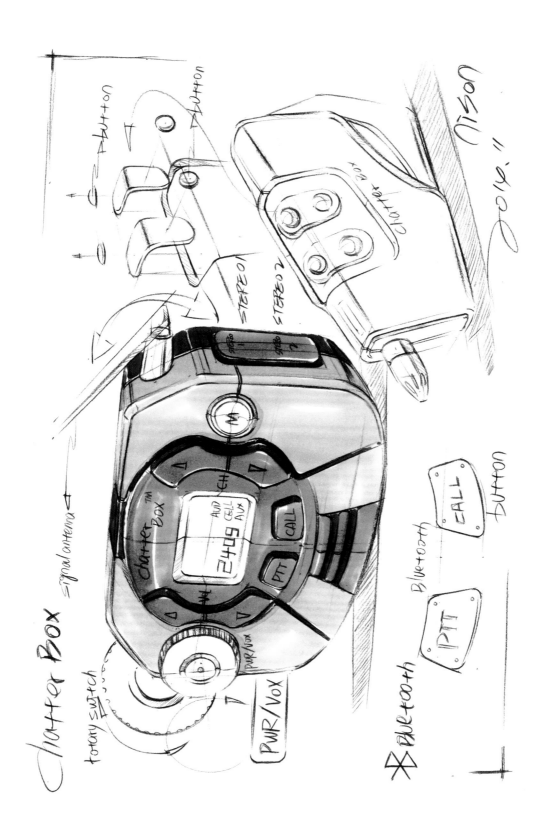

12. 将产品的背面和按键铺上深灰色，注意明暗面的区分，尽量在明暗面转折的高光处留白。

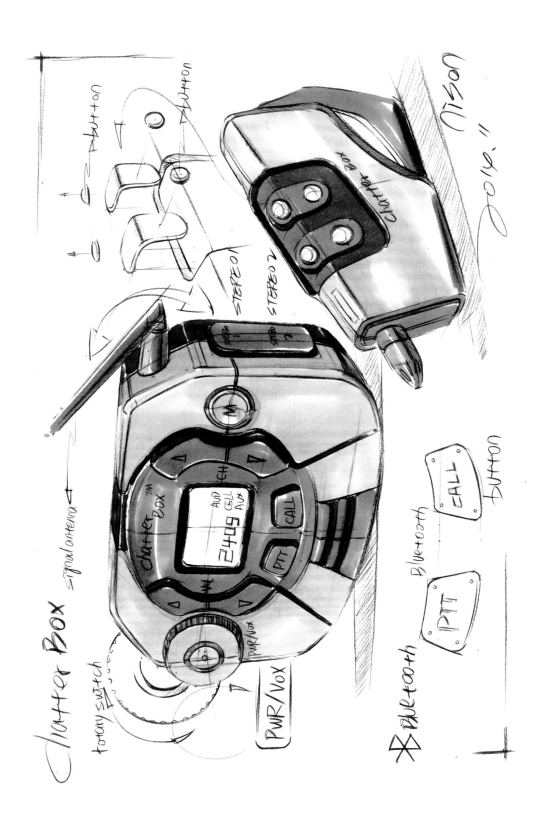

13. 用同样的方法为另一个产品也铺上颜色，亮面的颜色要薄，尽量减少重复的笔触。

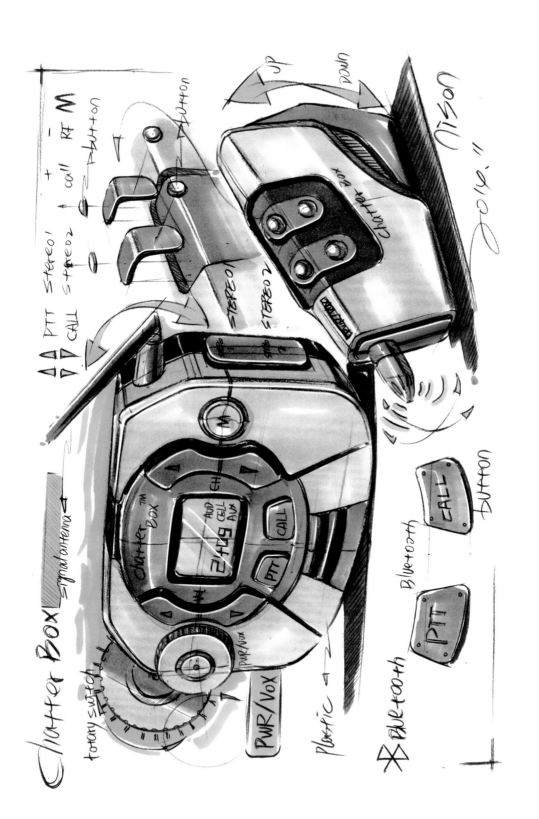

14. 为产品的投影铺上颜色，注意要与产品的颜色有对比，切勿将它们混为一体。铺好产品的颜色之后，用白色铅笔在暗部明暗转折处画出高光。画上背景色进行衬托，使灰色的产品在画面上更加丰富。最后用高光笔点上高光。

第 5 章
设计案例分享

本章分享几个非常成功的设计案例，让学生和设计师们了解一个作品的设计流程，可以看到作品从设计草图到渲染效果图的整个设计过程。

轮滑鞋

轮滑鞋的结构和其他产品相比要复杂一些，而且细节比较多，所以在处理虚实的时候要特别注意，突出视觉中心。先用马克笔概括整体的明暗，不管任何材质，一定要适当留白，否则产品的整体效果会显得灰暗。

5.1　牛角音响设计

Horn

▌设计理念

在古代中国，军队用号角来传递指令，提升队伍士气。后来，号角被用在各种仪式上，来展示场面的威严与壮观。选择牛角元素进行设计，表现音响与号角一样，声音也是大而清晰，代表着力量和冲击。

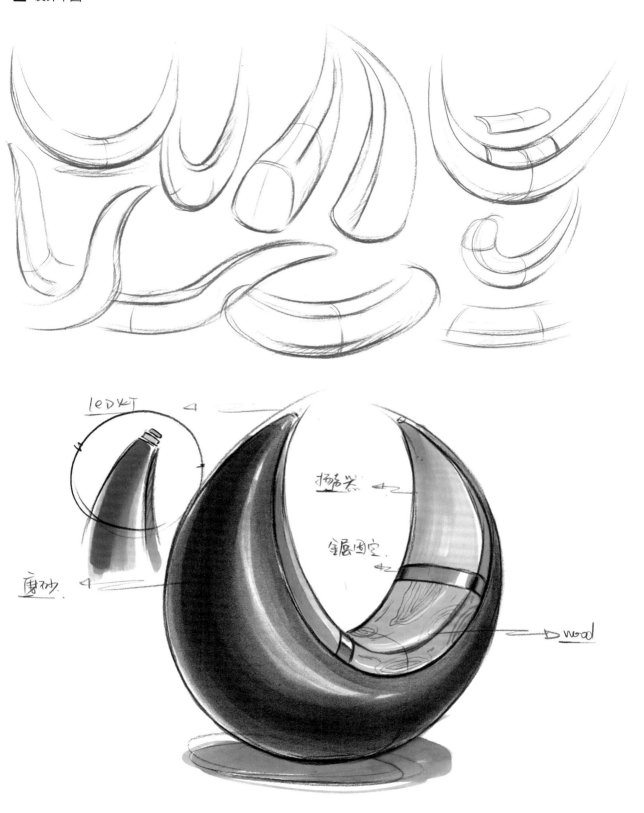

leDKI

扬声器

锯囵空

唐砂

wood

LED 指示灯

喇叭纱笼网

不锈钢固定件

浅色实木材质

"Horn" Logo

浅色实木底座

复合木材（磨砂质感表面）

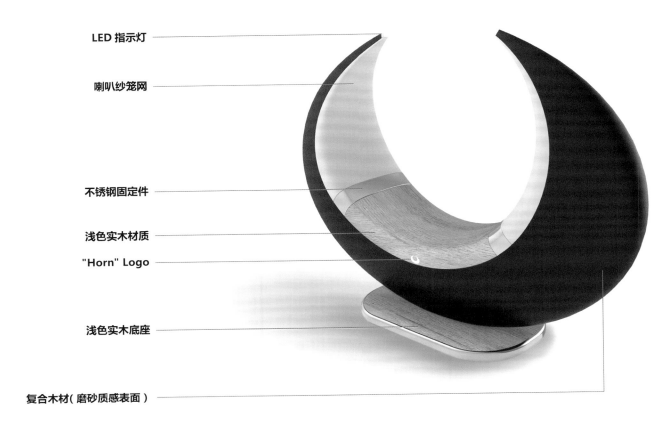

　　浅色实木材质，用大自然的造型、大自然的纹理，带来大自然的声音。牛角尖上有一个蓝色的LED灯，音响工作时会发光闪烁，与声音一起呈现变幻旋律。

3 局部特写

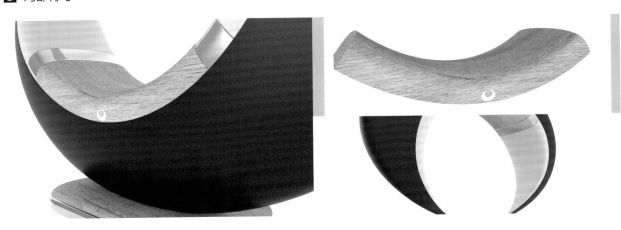

Horn

形似牛角的音响象征着设计者对动物的尊崇，采用了上等木材作为音响的外壳，所以音质也是无可挑剔的。

5.2 吸油烟机设计

设计理念

中式烹饪的多样性和大烟量让普通吸油烟机招架不住，本设计受到叠碟的启发，从烹饪习惯出发，通过可以变换的进风方式来优化吸油烟机的净化功能。伸缩式进风口和无缝设计也使清洗效率大大提高。

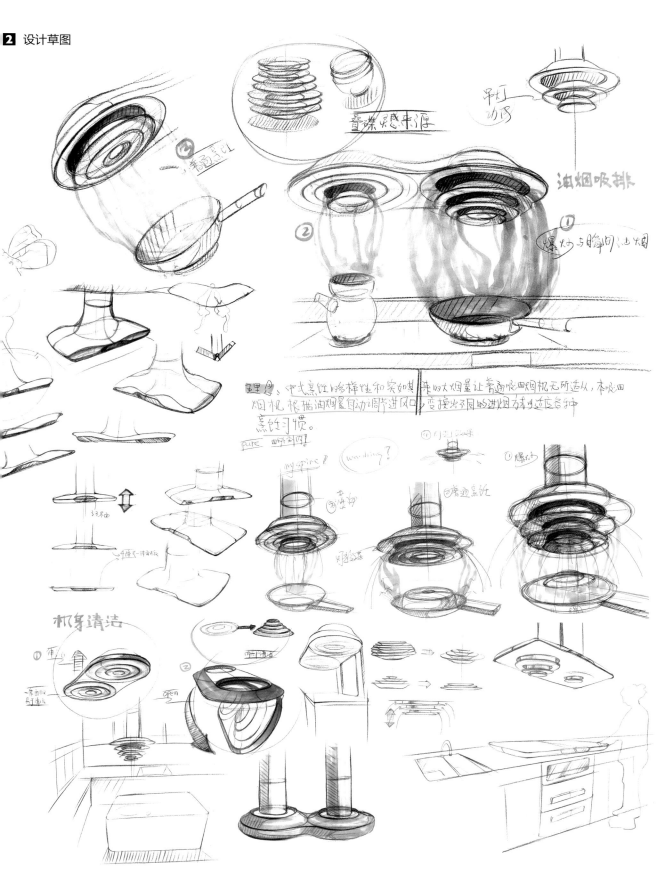

3 手绘效果图

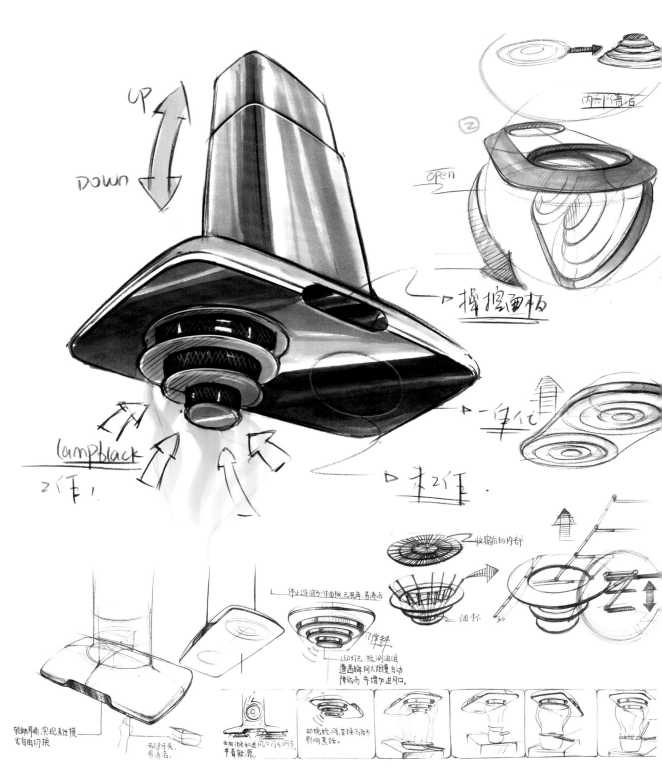

UP

Down

Lampblack
之作!

内口清洁

open

操控画板

一字化道

拉伴.

收缩向内部

油杯

停止推缩少件面板,无死角,易清洁

摩擦

LED灯光,检测油烟
遭遇瞬间大烟量,自动
降低而,并增少进风口.

轻触界面,实现刚性模
式自由切换

无缝开关,
易清洁.

由机流程和进风向自动调节,
节看能源.

环境检测,变换而而不
影响烹饪.

4 仰视效果图

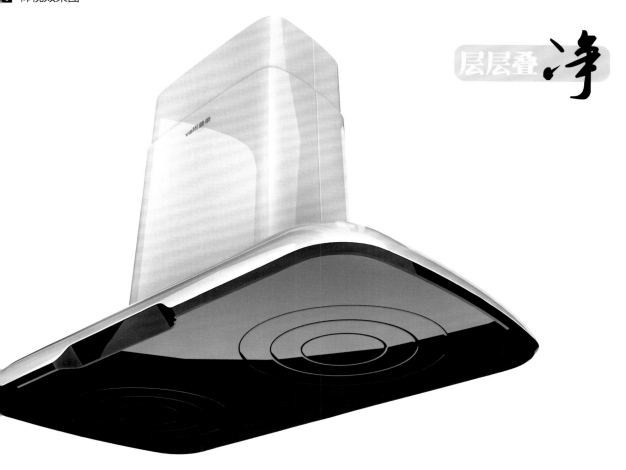

层层叠净

通过可变换的进风口及时收拢瞬间产生的油烟，以适应中式烹饪的多样性。

吸烟模式： 人性化设计，自动感应油烟大小，根据不同烹饪方式识别油烟的浓密程度而进行伸缩。

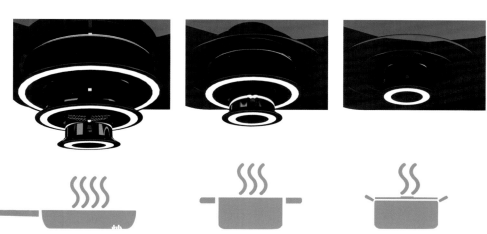

5 渲染效果图

双层装饰罩，
以适应不同高度的天花板。

金属固定罩，用以倾斜
面板时固定滤网。

独特油杯设计，
即使倾斜也不会漏油

"面板清洁"模式： 步骤展示效果如下。

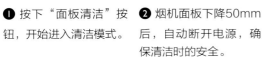

❶ 按下"面板清洁"按钮，开始进入清洁模式。

❷ 烟机面板下降50mm后，自动断开电源，确保清洁时的安全。

❸ 手动将面板向下拉出，拉至便于擦洗角度。

❹ 享受一体面板带来的流畅清洁体验。

　　为了解决普通吸油烟机的问题，设计师在固定装饰外壳、金属固定罩、防漏油杯、自动感应油烟大小、一体面板等这些设计点上都做了详细的调查，并解决了普通吸油烟机不能完成的问题，这也是本吸油烟机的特别之处。

5.3 点滴加热手环设计

WARMING
一个在冬天输液时可以加热手臂的电子手环带。

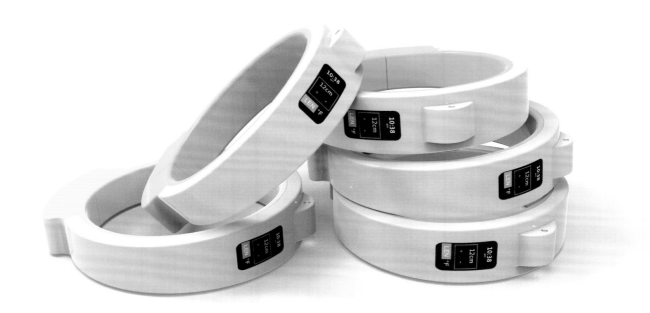

■ 设计理念

Warming 是一个医疗智能手环，灵感来源于日常生活经历，是一个极具人文关怀的设计作品。在寒冷的秋冬季节，病人们的输液过程总是十分痛苦的，冰冷的药液进入体内，导致手臂发麻，关节疼痛。而Warming利用经典的红外线加热原理，通过加热病人的手臂，间接加热输入的药液，使药液不再冰冷，输液不再产生疼痛感。

2 设计草图

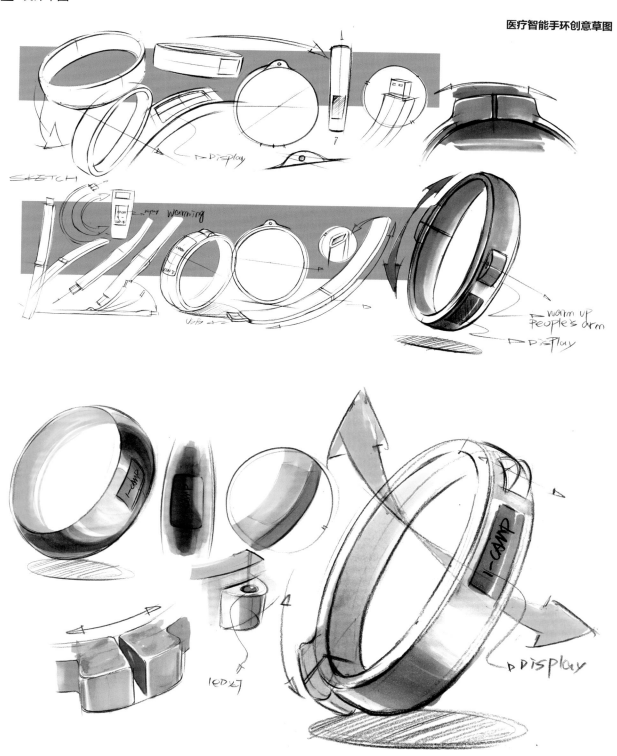

WARMING

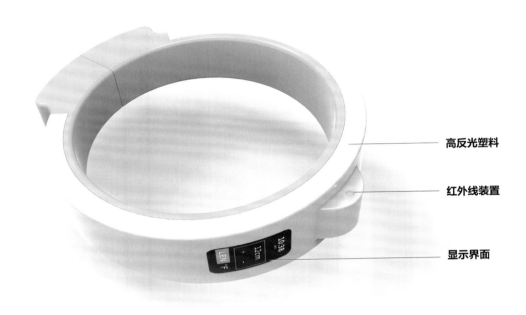

高反光塑料

红外线装置

显示界面

3 使用状态

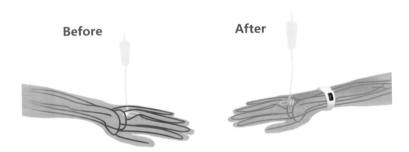

Before

After

　　冰冷的药水流过血管，混入温暖的血液中，降低了人的正常体温，使患者感到寒冷。该手环通过发射红外线来温暖手臂，让患者在输液的过程中减少疼痛感。

4 操作步骤

打开戴上

设置模式

打开按钮

WARMING

点滴加热手环

10:38 am	10:38 am	10:38 am	10:38 am
12cm	10cm	98°F	100°F
-	+ -	+ -	+ -
LEN °F	LEN °F	LEN °F	LEN °F

使用说明：手环带的屏幕为 LCD 触摸屏，用户可以点击"LEN"和 "°F"来转换模式，点击"+"和"-" 来改变红外线的照射范围和温度。

这个孔能发射红外线来温暖人的手臂。

USB 充电插口

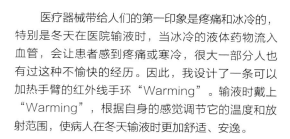

医疗器械带给人们的第一印象是疼痛和冰冷的，特别是冬天在医院输液时，当冰冷的液体药物流入血管，会让患者感到疼痛或寒冷，很大一部分人也有过这种不愉快的经历。因此，我设计了一条可以加热手臂的红外线手环"Warming"。输液时戴上 "Warming"，根据自身的感觉调节它的温度和放射范围，使病人在冬天输液时更加舒适、安逸。

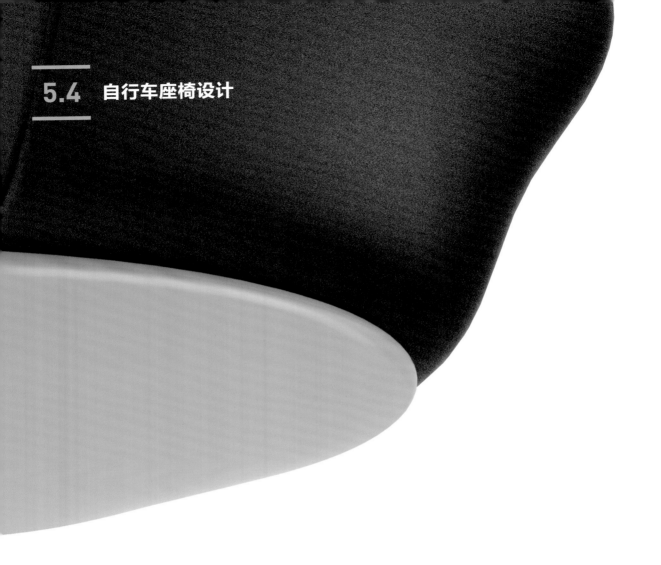

"scissors" 自行车座椅

▋ 设计理念

这是一款为专业骑乘运动员设计的骑车坐垫。坐垫采用了轻便、透气的碳纤维材料，外观提取了剪刀的形态，后半部分左右分开且有弹性。在骑车过程中，该坐垫的后部会随着用户的臀部上下摆动，这种设计不但提高了骑乘者的舒适度，还能减少用户骑车时能量的浪费。

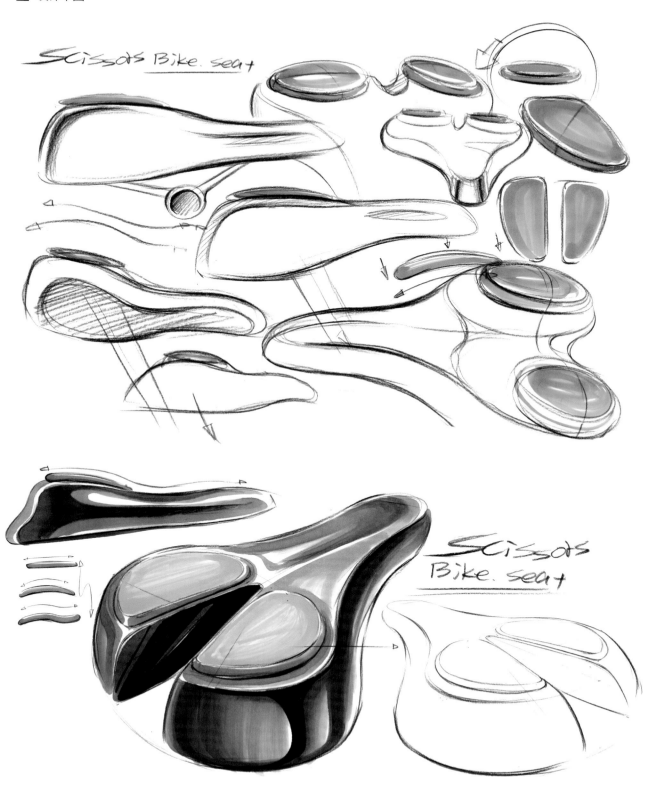

Scissors Bike. seat

Scissors Bike. seat

scissors 自行车座椅

舒适，就是给运动员良好的鼓励。

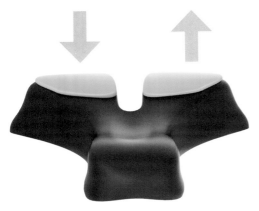

骑车过程中，座椅后部会随着用户的臀部上下摆动。

柔软易弯曲的材质，使坐垫能灵活变形，更加贴合用户的臀部。

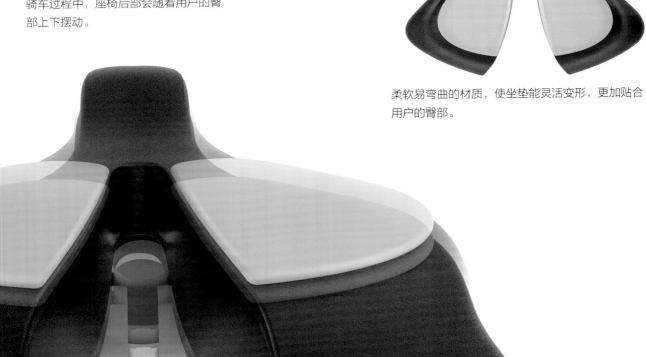

当运动员快速骑自行车时，座垫将随着节奏运动，从而减少振动对脊髓造成的损伤。

方便易操作的调节装置，可自由伸缩调节舒适的高度。

第6章
优秀作品赏析

本章展示了 4 位优秀学生、设计师及他们的杰出作品。他们中间有刚工作两年的本科毕业生，毕业后一边进修一边创业的研究生，刚申请成功国外著名院校的学生等。大家虽然来自五湖四海，但都在为同一个设计梦奋斗。设计之路漫漫，且行且珍惜，他们在奋斗的路上彷徨过、迷茫过，可是他们都咬牙坚持了下来，并且不负众望获得了成功，这也是 i-camp 的一个骄傲。本章是他们的毕业设计作品、参赛作品、公司项目等作品欣赏。

【效果图赏析】

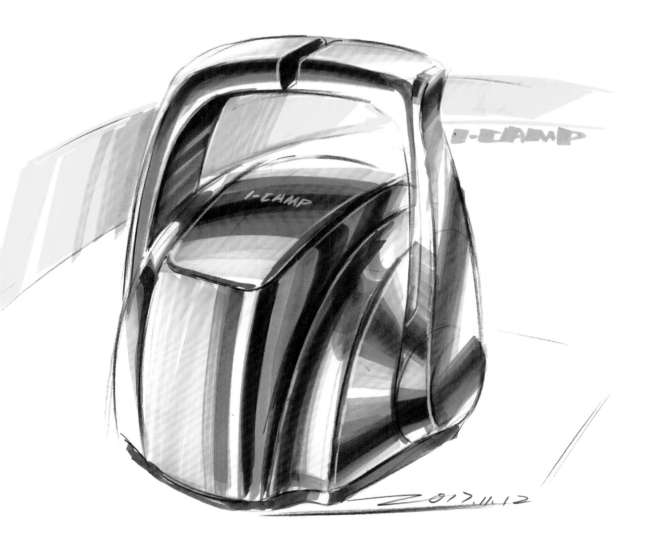

户外播放器

先用 3 支不同深浅的灰色马克笔将产品的明暗关系表达出来，注意颜色过渡要自然，用蓝色马克笔刻画出显示屏，最后用黄色马克笔给产品画个背景丰富整个画面，对比鲜明。

6.1 优秀设计赏析一
——创意摄像头

彭幸宇 Peng Xingyu
中国 · 广州
学校：普渡大学（工业设计）

设计师分享

这个产品主要是针对年轻人设计的一款电脑摄像头，可以无线连接，便于外出工作使用，也可以替代笔记本电脑的自带摄像头，可以随意调节角度和位置，也可当做"自拍神器"。

摄像头采用易变形的材料，可以调节不同的状态以适合不同的摆放方式，可以平放在桌子上，也可以挂在屏幕顶上，还可以贴在墙上等，非常人性化。

在i-camp工作坊的一个半月里，远生为我挑选了几份大学时期较好的作品并辅导我进行全面的修改，外加去年参加 iF 奖的 3 个参赛作品，组成了这份作品集。两个月后，我收到了普渡大学（Purdue University）、亚利桑那州立大学（Arizona State University）与萨凡纳艺术与设计学院的录取通知，我实现了我的留学梦。

sketch

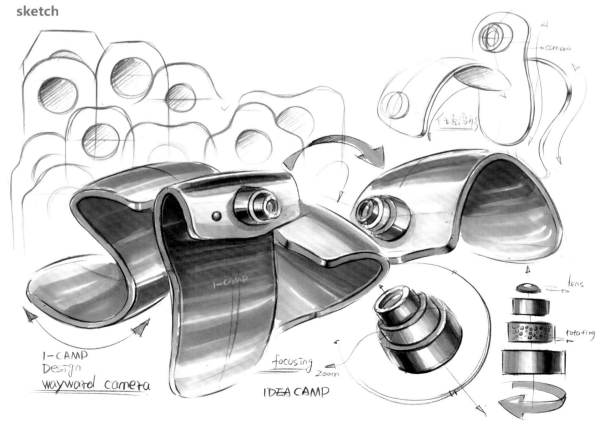

一个可以任意调节的电脑摄像头

根据你个人想要的摆放方式，调节摄像头形态即可。
可以平放在桌子上，也可挂在显示屏上。

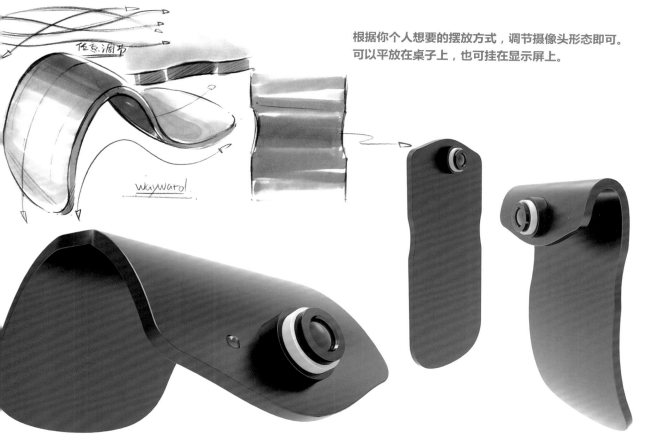

6.2 优秀设计赏析二
—— 平板电脑项目方案

刘冰　Liu Bing
中国 · 广州
职业：UI设计师

设计师分享

无线传输数据：只需把你的数码相机、手机、U盘等设备放于平板上，触控屏幕上的数据内容便可以实现设备间数据传输，省去线缆烦恼。

底座开发：利用屏幕发光开发pad light底座，根据你睡眠的不同状态进行光线调节，促进睡眠，让平板电脑成为你夜间睡眠的管家。

这是刚毕业时完成的一个设计作品，当时是想往交互设计方向发展，所以在设计产品中都会去研究一些交互理念并予以应用。

交流、游戏、分享、互动、对话

更深层的情感互动
双向交流

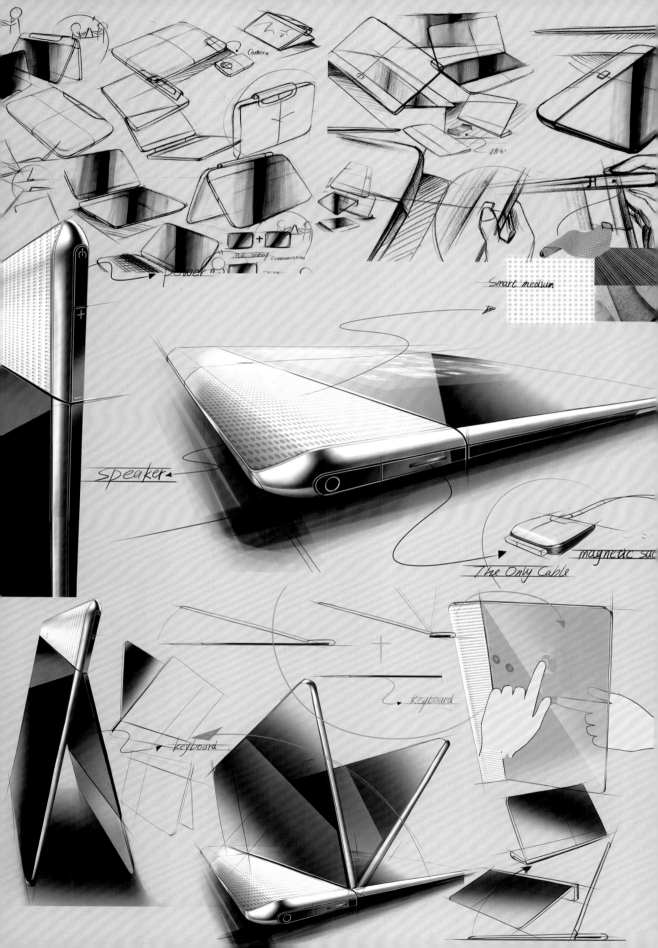

Camera

power

Multi-tasking Communication

smart medium

speaker

The Only Cable

magnetic suc

keyboard

keyboard

6.3 优秀设计赏析三
——极限运动背包

余旭迪 Yu Xudi
中国 · 广州
学校：广东理工学院（工业设计）

设计师分享

此产品是一款极限运动背包，是为具有冒险精神、想体验速度的人群设计的，具有快速下沉、快速上浮的速度体验。

巧妙的流水线元素设计、可调整的造型、与身体的完美贴合，使身体与背包连成一体。在跳水时利于快速向下，体验快速下沉的快感；当要上浮时按气囊按钮，气囊将打开，会快速浮出水面。快速地下沉、上浮，让冒险者享受这刺激的体验。

在 i-camp 创意坊的一个月里，很开心能学到这么丰富的东西，导师带领着我们做方案，整个过程的设计思路清晰并且效率非常高，除了导师们的帮助，自制力也非常重要，互相配合才是完美的，这是我非常欣赏的教学模式，感谢 i-camp 给我这么好的学习平台。

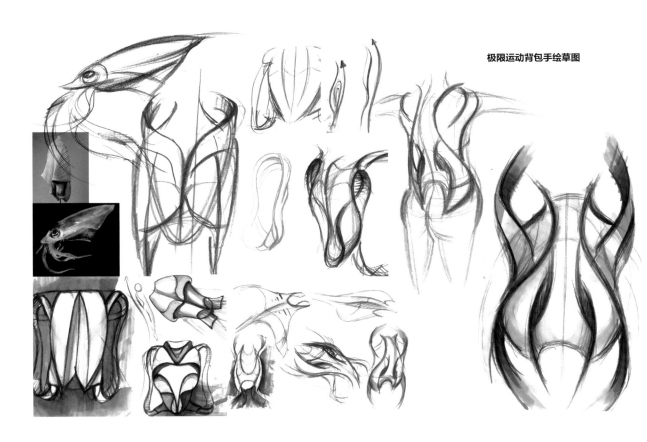

极限运动背包手绘草图

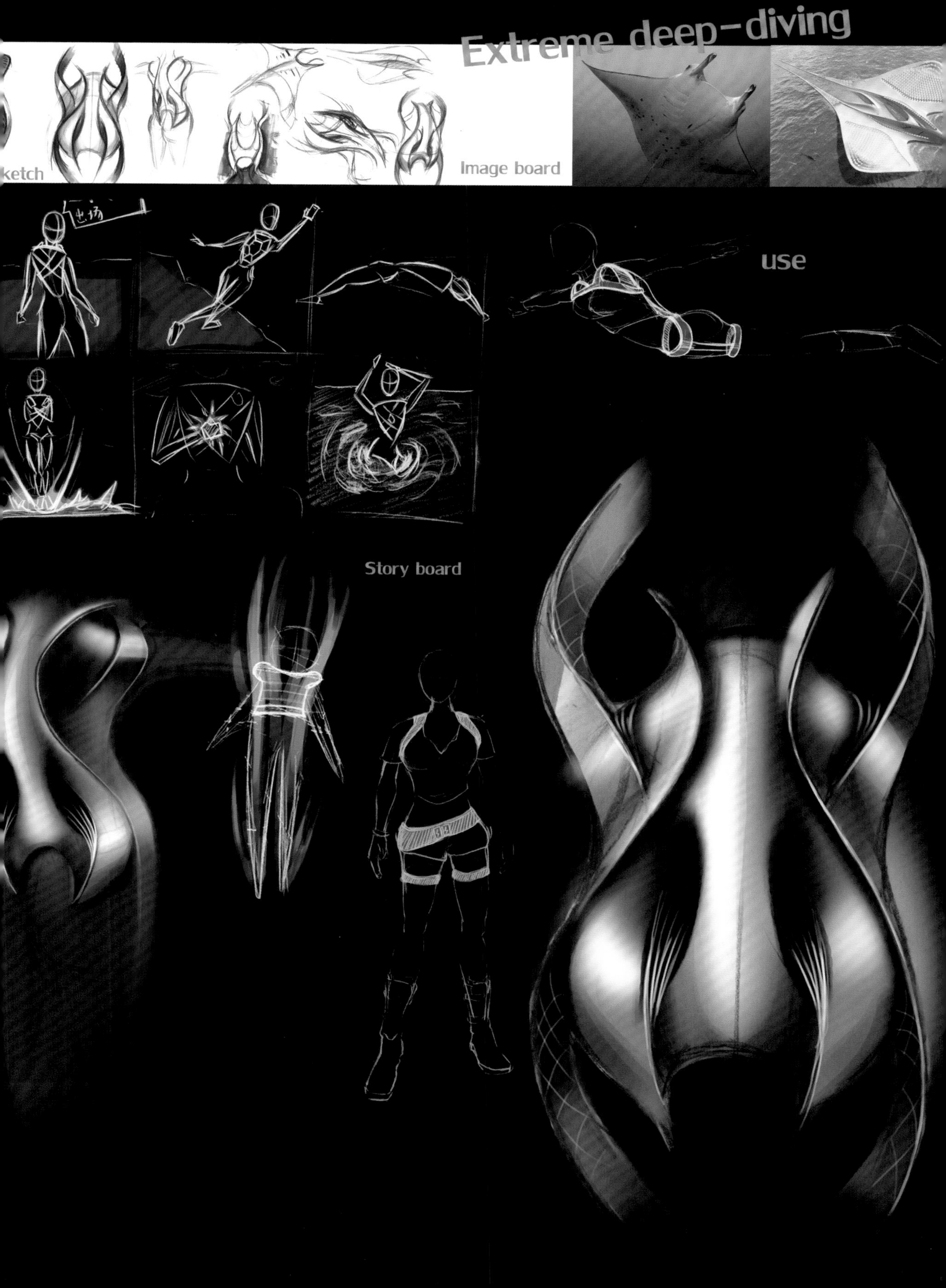

Extreme deep-diving

ketch

Image board

use

Story board

6.4 优秀设计赏析四
——Spoon for infant

苗颜炜 Miao Yanwei
中国 · 深圳
学校：拉夫堡大学（交互设计）

设计师分享
作品中的 Spoon for infant 防止婴幼儿把玩勺子时将其捅入喉咙，加宽手柄，结合成人和儿童使用勺子的手势习惯，也是评审老师称赞的作品之一。

当一个小孩进入长牙阶段，对身边一些新鲜事物都有很强的好奇心，他们习惯把东西往嘴里塞，而勺子是比较常用的物品，所以我对勺子进行了设计，为了避免婴儿在饮食过程可能会遇到的危险。

作为一个设计领域的理科生，有点找不到自己的位置，急于画一条线跟别人和自己说，我是理科生，我是注重实用的，可能是为了掩藏自己内心的自卑和力不从心。远生是我的大学校友，在申请学校之前，我在他的创意坊学习了近两个月，并完成了我的申请作品集。凭着自己的努力与坚持，加上远生的耐心指导，终于拿下了国际顶级院校拉夫堡大学和考文垂大学的 offer。天道酬勤，我做到了！

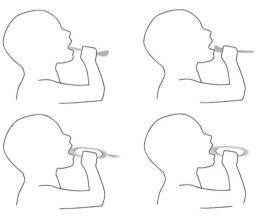

母亲的担忧
1. 婴儿动作笨拙，经常把餐具掉在地上。
2. 婴儿用的勺子一般比较长，所以存在潜在的危险。
3. 勺子材质的不同也会影响对婴儿的伤害程度。

关注婴儿的安全
1. 使用安全无毒的制作材料。
2. 在勺子的手柄上增加摩擦，手柄不能太滑。
3. 勺子的盛食部分不能太长，而且不能太尖。

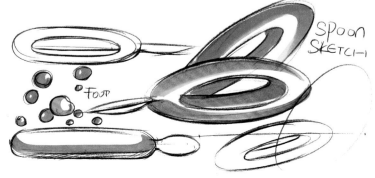

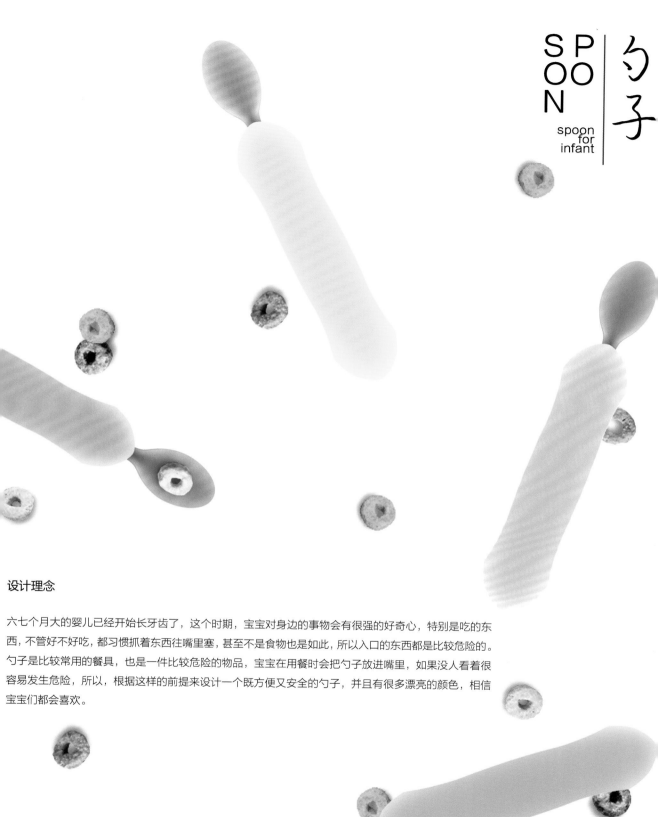

设计理念

六七个月大的婴儿已经开始长牙齿了，这个时期，宝宝对身边的事物会有很强的好奇心，特别是吃的东西，不管好不好吃，都习惯着东西往嘴里塞，甚至不是食物也是如此，所以入口的东西都是比较危险的。勺子是比较常用的餐具，也是一件比较危险的物品，宝宝在用餐时会把勺子放进嘴里，如果没人看着很容易发生危险，所以，根据这样的前提来设计一个既方便又安全的勺子，并且有很多漂亮的颜色，相信宝宝们都会喜欢。

第 7 章
学员优秀作品

本章从数干张学员作品中精心挑选出若干张优秀作品供大家欣赏。优秀学员的成功之路都是相似的，一开始他们满怀信心，随后却遇到无数困难与瓶颈，他们踌躇过、彷徨过、沮丧过，也曾想过放弃，可是他们互相鼓励，互相扶持，经过专业老师的指导和点拨，坚定信念，最终克服一切困难，将手绘技巧运用自如。

学习手绘看似是一个枯燥乏味的过程，我们要一遍又一遍地反复练习那些无限延长的直线，相互纠缠的曲线和变幻莫测的圆。可是，当你鼓起勇气，耐住性子跨过这样一个艰苦的过程，终将会发现手绘的乐趣所在。试想一下，当你看到其他同学沉浸在无法表达自己想法的痛苦中，而你却挥舞着手中的笔，将脑海中的想法毫无难度地表达在纸上，并轻松愉悦地对其外观进行推敲与改良，这会给我们带来多大的成就感和自信心。

吸尘器

看图写生是练习手绘的一个重要环节，最好是打印黑白的产品图片，这样比较容易去理解产品的结构，画好线稿之后可以自行设定产品配色。这是一个吸尘器效果图，形体曲面丰富，运笔很关键，笔触一定要顺着结构绘制。

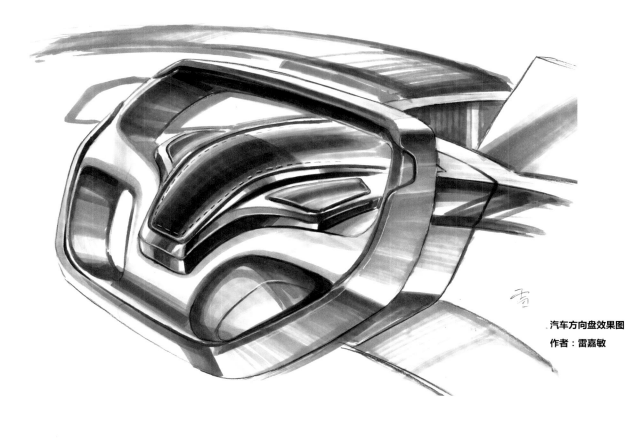

汽车方向盘效果图
作者：雷嘉敏

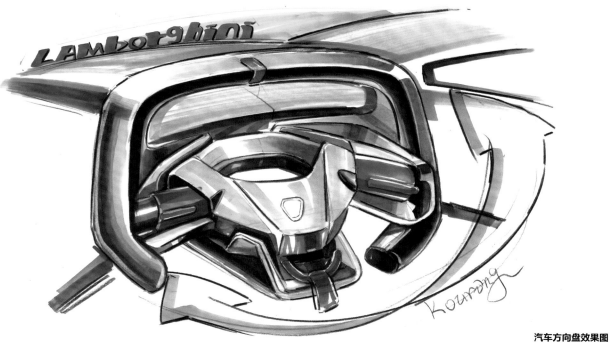

汽车方向盘效果图
作者：岑栲玲

足球鞋效果图

作者：秦璐希

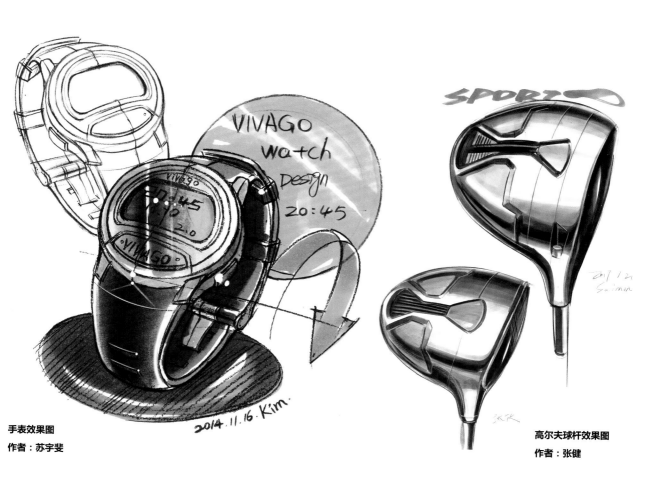

手表效果图

作者：苏宇斐

高尔夫球杆效果图

作者：张健

3D 打印机效果图

作者：周韶磊

篮球鞋效果图

作者：周韶磊

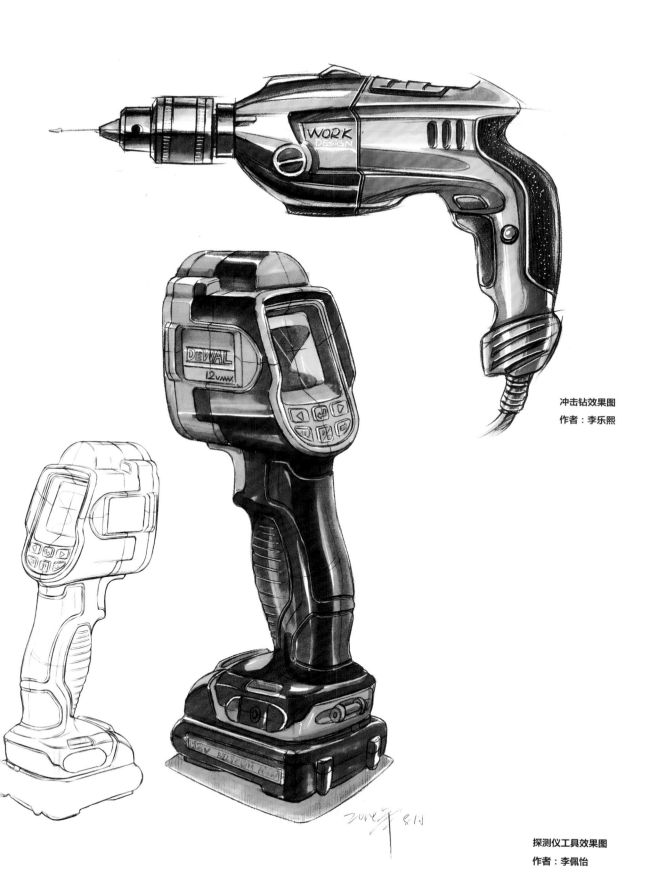

冲击钻效果图

作者：李乐熙

探测仪工具效果图

作者：李佩怡

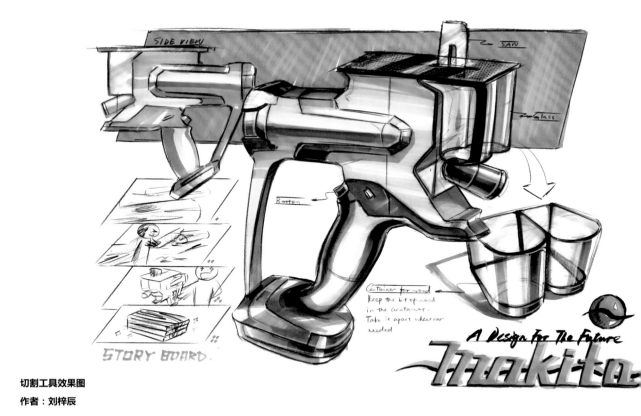

切割工具效果图

作者：刘梓辰

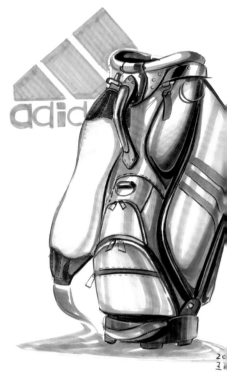

检测工具效果图

作者：宁菁

高尔夫球包效果图

作者：王泓娇

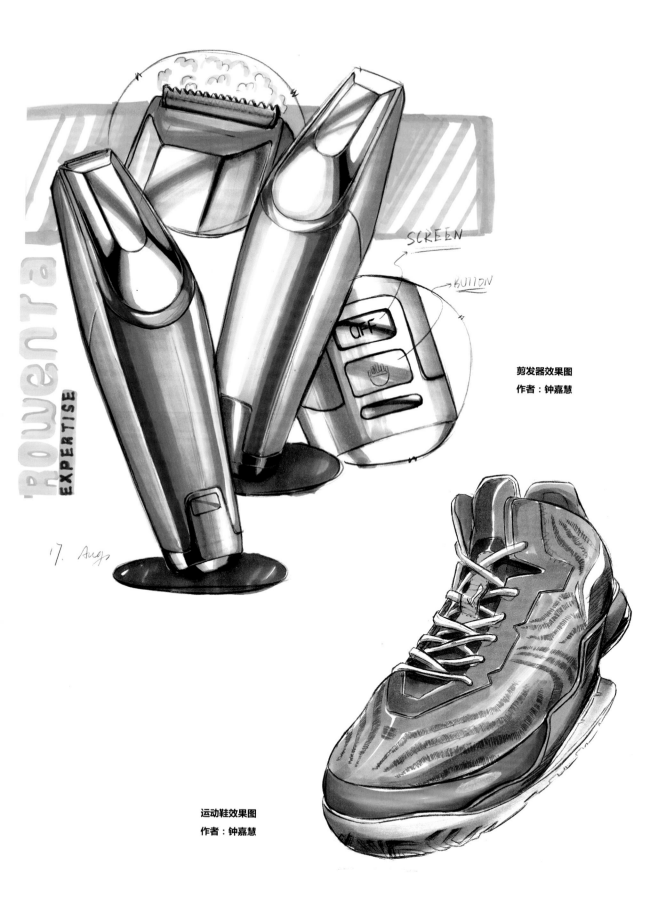

ROWenta
EXPERTISE

SCREEN

BUTTON

OFF

17. Aug

剪发器效果图
作者：钟嘉慧

运动鞋效果图
作者：钟嘉慧

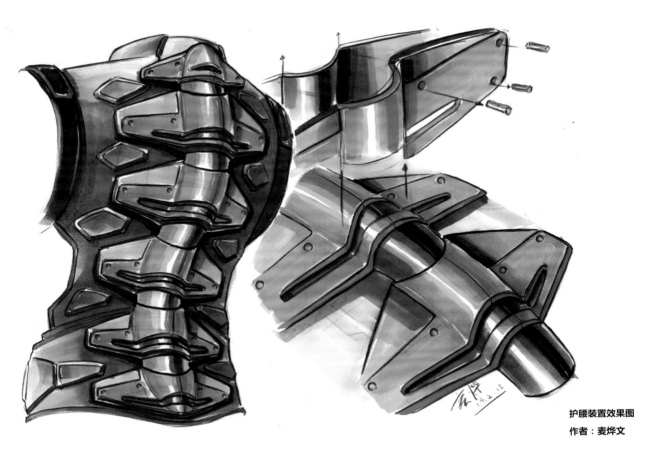

护腰装置效果图

作者：麦烨文

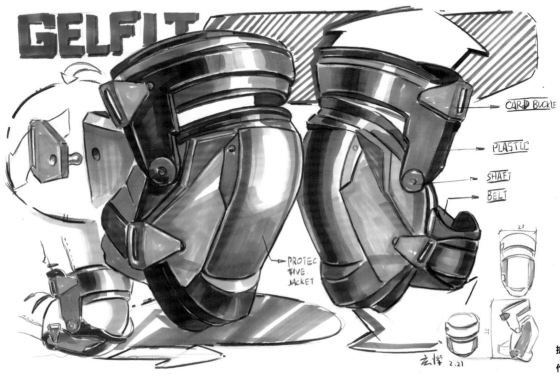

护膝效果图

作者：麦烨文

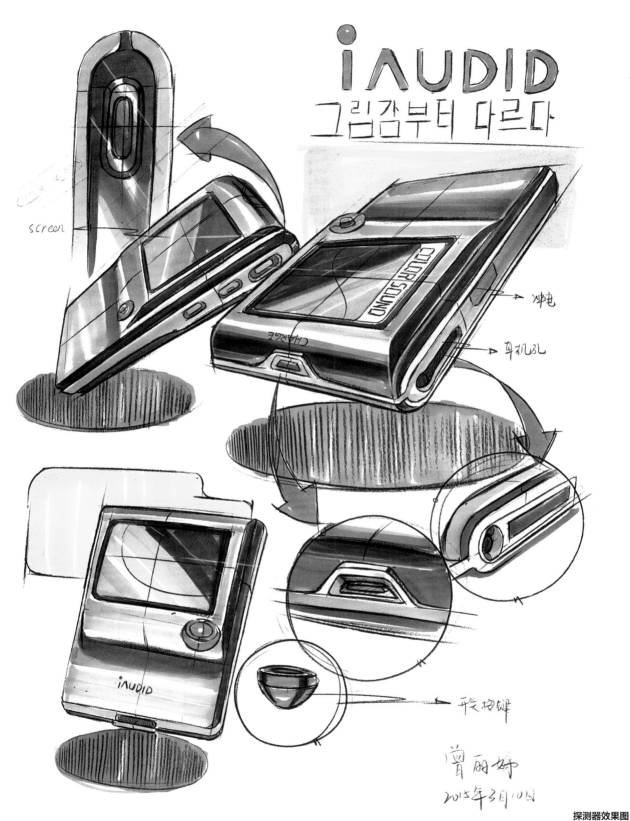

iNUDID

그림감부터 다르다

screen

COLOR SOUND

CHARGE

冲电

耳机孔

iNUDID

开关键

曾丽婷

2015年3月10日

探测器效果图
作者：曾丽婷